目 录

诸葛村小巷

前言

1991年秋季，我们在浙江省建德县新叶村研究乡土建筑。接近尾声的时候，就着手寻找下一个课题。新叶村的几位老朋友，老乡长叶早平、老会计叶肃芳和保存宗谱的叶昭荣，带着我们在附近奔波，一天走几十里路。我们到过姚村、山泉、芝堰、铜山后金[①]、汪山、洞源、上塘、里叶、回回营、甘溪等二三十个村子。这些村子都有不少古老建筑，有些村落还很完整。上塘的大宗祠和山坡住宅，铜山后金的仁山书院、宗祠和村中心，芝堰的街道，姚村的戏台，甘溪的砖雕、木雕和汪山的山地聚落，都很有特色，值得调查研究。不过，比起新叶村来，它们的建筑类型少，聚落不紧凑，也没有新叶村的文昌阁和抟云塔那样突出的建筑物，因此，我们不甘心，继续寻找。

叶同宽老师，两年来一直热心而又细心地支持我们工作，建议我们到兰溪的诸葛村去看一看。这个村离新叶村不到二十里，我们曾经多次从它旁边经过。因为它被包围在冈阜中，从外面什么也见不到，而有些朋友说这不过是个商业繁荣的小镇，我们就没有进去。既然课题难找，后来觉得不妨去一趟。这一去，简直像探宝者发现了金矿，我们当场就决定把它作为下一个课题。

诸葛村是诸葛亮后裔最大的一个聚居地，元代建村，有纪念武侯

① 铜山后金村是元末明初大儒金仁山的故里。

的大公堂，有叫作丞相祠堂的大宗祠。将近一百座古老而精致的住宅，群体基本保持原状，没有被破坏。可惜两座庙宇早已被毁，三座贞节牌坊、一座关帝庙、一座穿心亭和包括一座很漂亮的文昌阁在内的中水口建筑群在“文化大革命”中被当作“四旧”毁掉。它有一口很大的水塘，叫上塘，也在那几年里被填平，造了几幢四层的灰砖楼房。

虽然来不及细看，我们认为，就这样，已经是一个难得的研究课题了。经过几次“运动”和“革命”，完整无损的村子哪里还有呢?

恰好大公堂理事会的诸葛达和诸葛绍贤二位先生那天在场，他们热情地欢迎我们去工作，再三表示，可以尽力帮助我们。我们做乡土建筑研究，最需要的就是当地父老乡亲的支持，既然二位先生心热如火，事情就好办了。

经过1992年一年的工作，我们的认识逐渐深入。诸葛村是一个很特殊的村子，从明代下半叶起，村民们专长于经营药业，到清代，在大江以南的半壁中华，开设了三百多家药店。商业赢利回馈乡土，村里的商品经济很发达，也有一些外地客商来设店营业，村子由血缘聚落向地缘聚落转变着。同时，孕育出了本土的市井文化，村民们开始以新的价值观看待事物。对我们的工作来说，更有意义的是，这些特点都一一在村落的结构布局和建筑本身直到装饰中有所表现。就举一个小小的有趣的例子：家产丰厚的人家，大门门扇厚重，外面裹上铁皮，钉上大头泡钉，里面还有三道横杠，甚至再加上闸板。但它们外面又安上纯粹只为装饰用的一对花格扇，精雕细刻，极其华丽，而格心后面却镶着木板，并不透空。商人们又要炫耀财富，又要保卫财富，那种患得患失的心态表露得老老实实。说大一点，诸葛村那么多精美的住宅，其实是宗法制度对初期商品经济拖后腿的产物。村民在外面攒了钱，在族规和传统观念的束缚下，故土难离，不得不带回家乡。家乡土地有限，就只好用来建造房屋，而且造得考究。然而，就在这过程中，商人们竟突破了宗法制度的藩篱，以繁华的街面市场取代了庄严的大公堂和丞相祠堂而成为村落生气勃勃的中心。商业文明和传统农业文明的矛盾尖锐鲜明。

雍睦堂

我们刚刚结束在新叶村的工作，那是一个纯农业村落，直到不久之前，才有几个人打开家门，安个柜台，卖些针头线脑、火柴肥皂。几百年间，那里的人辛勤劳作，对天下一切的奇妙不闻不问，只让他们最俊秀的子弟埋头于圣贤之书，以期登上青云之路。高高屹立在村头“水口”的文昌阁和文峰塔，寄托着以血汗灌浇这片田地的祖祖辈辈的希望。两条五尺宽的小溪界定了村落的范围，村民万一死在界外，便不得安葬祖茔，以致人们从来不敢远行。到了人类访问月亮回来之后，新叶村外出做临时工的青年，一旦头痛脑热还要急着赶回家来，害怕成为路殇，进不了祠堂。我们喜爱新叶村人们的淳朴忠厚，但我们也为他们沉重的历史负担感到压抑。

诸葛村的俊秀子弟们也有辛勤务农或者读书取功名的，但更活跃的是不忌惮医卜星相，甘为“四民之末”，抛妻别子，过州府、闯码头、拓业于遥远的异乡。他们把当地几乎村村都有的文昌阁寄放在庙宇的别院里，议论过造文峰塔而终于搁置，却在大红门联上骄傲地写上“利似晓日腾云起；财如春潮带雨来”。

带着对新叶村温良美好的回忆，面对着充斥于诸葛村屋脊上、梁枋上、牛腿上、格扇上、香台上、门板上甚至地沟箅子上的“古老钱”“聚宝盆”“金元宝”，或者其他象征财富的装饰题材，我们多少有点儿失落感。但是对比新叶村和诸葛村，想到新叶村直到20世纪80年代还拒绝公路从村边通过，而诸葛村在20世纪30年代就已经自办电厂，装上了电灯，甚至还有电话，我们仿佛见到了历史前进的脚印。

因此，我们尝试在诸葛村的乡土建筑里发掘它生动鲜活的历史内容，描绘它二三百年来商品经济发展、血缘村落向地缘村落过渡的图景。不过我们仍然按照约定俗成的习惯，把乡土建筑研究的下限定在20世纪40年代之末。那之前，处于初级阶段的商品经济和停滞不前的技术，并没有能使诸葛村的建筑突破传统，它们仍然在古老的农耕时代的范式中困守。这倒给了我们一点方便，使我们既能比较从容地熟悉诸葛村乡土建筑本身，又能观察到它的演变。

诸葛村的乡土建筑，就它们单独的本身来说，跟新叶村的相去不远，甚至跟皖南的、赣北的也相去不远。但是，仔细看去，诸葛村的建筑跟仅仅两里路外的前宅、萧宅、菰塘畈，跟五里路外的里叶、回回营，跟十几里路之外的芝堰、姚村、志棠，又有明显的区别。如果深入研究这里的工匠流派，或许也很有兴味，但我们来不及做了，而且哲匠凋萎，研究起来怕也不大容易。

从这次研究一开始，我们就希望最后的成果跟我们的前两个成果，新叶村的乡土建筑和楠溪江中游的乡土建筑，在写法上有点儿区别。虽然基本的工作方法仍然不变，但是，写出来之后，大概只有细心的读者能看出它们的区别。记得多年前，“文化大革命”运动中，有些年轻闯将尖锐批判一位老学者的著作跟别人的“大同小异”，这位学者回答，这点点“小异”是他的毕生心血，小将们看出了这点点“小异”，他很觉得荣幸。不知我们有没有这种荣幸，尽管工作时间很短，远远谈不上毕生心血。

1993 年秋后成稿

2009 年修订

历史与人文背景

兰溪的经济和地理

1.自然环境

我们所研究的诸葛村在浙江省兰溪县（兰溪于唐仪置县，1985年撤县立市）的西北部，是“古今第一良相”诸葛亮一支后裔聚居的血缘村落。①建村之初，曾经称为高隆村，显然是从诸葛亮高卧隆中的事迹隐括而来，到明代后半叶，渐渐转向以姓氏为村名，这是各地普遍的习惯，或许和那时朝廷正式准许全国族群建立宗祠、加强宗族的组织力量有关。诸葛村另有徐、邵、胡、叶、方等几十个姓的居民，大家和谐相处，共同发展。

兰溪旧属金华府，即浙江婺州，位于钱塘江的中上游。钱塘江的中游叫富春江，溯江而上，富春江在严州府（今名梅城镇）分为新安江和兰江（又名瀫水）。新安江自西流来，上游便是经济和文化都很发达的皖南。兰江自南流来，上游有婺江和衢江，分别来自东南方的婺州和西南方的衢州，都是富庶的浙江省的腹地，它们相会在兰溪城的西侧。唐

① 诸葛村现有5000人口，其中2700为诸葛氏。是目前已知的最大的诸葛氏聚居村落。外姓人大多是随着清代诸葛村商业的发展而陆续迁入的。

中塘东岸住宅立面

代诗人杜牧有句：

越嶂远分丁字水，腊梅迟见二月花。

清代诗人赵锡礼也有句：

江流燕尾分还合，山扫蛾眉断复连。

这“丁字水”和“燕尾”，说的就是新安江和兰江在严州府汇流的水形。

兰溪县治在严州府南不足百里，舟楫循兰江半日可到。《光绪兰溪县志·形胜》里写的兰溪的山形水势可谓十分雄壮：

兰溪由金华玉壶山翔舞起伏，直走大河之滨，融结为县治。后枕层峦，前挹九峰，西北则寿昌、建德诸山，排衙列戟，周围环拱。兰阴一山，屹立横亘，近如屏障。衢、婺两港皆数百里奔流至此，汇成巨渊。

2.商业和手工业

但是，位于丘陵区的兰溪，就整个县境来说，并不利于农业。《光绪兰溪县志·田赋》说：

> 邑当山乡，罕平原广野，涧溪之水易涨易涸，往往苦旱。厥田惟黄壤，厥赋中下。

兰溪县的农业处于中下水平，然而从宋室南渡以来，人口压力却逐渐增大。《宋会要》[①]说："渡江之民，溢于道路。"《建炎以来系年记录》则说："四方之民，云集二浙，百倍常时。"据《光绪兰溪县志》，北宋大中祥符年间，兰溪人口主客户共19333户，南宋绍兴中为22961户，净增3628户，即增长18.77%。

正像晋商和徽商一样，故土的不利于农业，迫使他们在商业上求出路，终于成了全国最大的地方性商帮，兰溪也有大量的人弃农从商。兰溪人经商占有地利，它和皖南的徽州、赣北的景德镇、江南的苏州和本省的杭州，都相去不远。这些城镇，从宋、明以来，都是商业和手工业最发达的，兰溪与它们都有水路交通，因此，兰江在南宋就有水驿站，在严州叫瀫水驿。诗人杨万里从江西奉诏赴杭州行在[②]，船在瀫水驿夜宿，写下了几首诗，其中一首：

> 系缆兰溪岸，开襟柳驿窗，
> 人争趋夜市，月自浴秋江。
> 灯火疏还密，帆樯只更双，
> 平生经此县，今夕驻孤艟。

① "会要"是古代封建王朝史官收集当时的诏书、奏章原文，按类编辑而成的资料集，宋代曾特设"会要所"修撰会要两千多卷，现原书已佚。

② "行在"即"行在所"，即皇帝临时所在的地方，本指京都，后泛指皇帝所到之处。南宋统治者并不承认临安为首都，称其为"行在"。

上塘及下塘俯瞰

灯火帆樯，且有夜市可趋，兰溪这时候已经很繁华了。

兰溪也有重要的陆路交通。明、清时期，从北京到福州的驿路经过兰溪城，有驿站，名为兰皋驿。它的马站有正马与备马各25匹，车夫25名，驮夫6名。

有这样的地理位置和交通，所以，元代邑人王奎在所作《重建州治记》里说：

> 然其地当水陆要冲。南出闽广，北拒吴会，乘传之骑，漕输之楫，往往蹄相劘而舳相衔也。

借交通之便，农业容纳不下也养活不了的人口，纷纷转向商业和手工业。

兰溪的手工业和商业发展颇早。唐开元元年（713）陈藏器著《本草拾遗》就说“火腵产金华者佳”，金华火腿大量产于兰溪。北宋《太平寰宇记》说“酒出兰溪美”。南宋周密《武林旧事》里提到“兰溪酒曰瀫溪春花”，《谈荟》也说“兰有瀫溪春酒”。这些都是农产品加工。真正的手工业则有北宋熙宁年间在县东开铜矿，在兰江边设造船场，为浙中造船中心。据张秀民著《南宋刻书地域考》，兰溪是婺州四个刻书点之一。[①]又据《浙江通志稿》，纸币的使用，也始于婺州，“初见于宋绍兴元年（1131），时称钱关子”，因为婺州屯兵。到杭州贩运的商人向婺州地方政府交现金，换取“关子”，到杭州兑现。关子初时是一种汇票，后来成为货币。

到了明代后半叶，随着东南一带资本主义经济兴起，兰溪的手工业和商业更加繁荣。兰溪一县的赋税将近金华府八县总数的1/3。《万历兰溪县志》说：

> 业手工者为攻金之工、攻石之工、陶工、冶工、缝衣絮业之工、捆履织席之工。
>
> 近而工商者籍籍也，远而业商者，或广、或闽、或川、或沛、或苏杭、或南京，以舟载比比也。

同《志》载，当时兰溪有机户471、匠户163、纸户57、窑灶17户。《光绪兰溪县志》则说，明代兰溪有“住坐”匠人93户，“轮班”匠人594户，“存留本府”织染局机匠共163户，这在当时是比较多的。

明、清易代之际，浙江遭到严重破坏，婺州更有“金华三日”的大屠杀，酷烈不下于“扬州十日”。明末清初兰溪大戏剧家李渔（1611—1679）诗《婺城乱后感怀》说：“有土无民谁播种？孑遗翻为国踌躇。”[②]但不久经济便有所恢复。康熙四十四年（1705），兰溪发生了染踹工匠罢工，平息之后，立了一块“禁碑”。碑文里说：“兰邑商贾环聚，人烟稠密，而布铺一项，需有染坊七家，踹坊十家，工匠三百余人。”这规模很不小了。

---

① 另外三个为东阳、义乌、金华。

② 李渔为兰溪下李村人，其村距诸葛村约15华里。

到乾隆十四年（1749），兰溪人开设祝裕隆布店于邑城，后来在金华、龙游和本县游埠镇都有分号，这是早期的“连锁店”。

由于兰溪的特殊地位，四方商贾纷然而来。康熙四十八年（1709），在兰溪设闽商公所，乾隆十六年（1751），设江西会馆，二十一年（1756），设新安会馆。此后，陆续有越郡公所、江南公所、四明公所和东阳、义乌、永康、台州等会馆。其中，徽州人（新安人）与兰溪的关系尤其密切。早在明代，《万历兰溪县志》说：“徽贾纷集，市兴矣！”徽州人对兰溪商业、银钱业和典当业等的发展起了不小的推动作用，正德年间邑进士章懋①进贡明武宗的蜜枣就是徽商泰荣漆号精制的。清道光三年（1823），徽州人程圣文在兰溪开墨店，产名墨。

兰溪商人也分赴外地建造会馆，如扬州，李渔有撰扬州兰溪会馆联：

> 一般作客，谁无故土之思，常来此地会会同乡，也当买舟归瀫水；
>
> 千里经商，总为谋生之计，他日还家人人满载，不虚骑鹤上扬州。

渲染故土之思，渲染满载还家，反映出当时的商人，虽然不辞千里谋财，依然是地域性的，观念中还没有摆脱乡土的束缚。

太平天国战争，浙江省破坏惨重。兰溪也遭大难。《光绪兰溪县志·序》说：“咸、同之间，历洪杨大劫，民人存者仅十之三，田地多温、台客民垦种。”（前知县秦簧撰）幸而灾后恢复很快，同治年间，兰溪已经有银楼2家，钱庄15家。到光绪年间，典当业兴起。当时，兰溪有码头32处，甚至有了专业的码头，如药业码头、煤炭码头等。

兰溪城的繁荣带动了县境内一些村镇的繁荣。早在明代，章懋在平

① 兰溪渡渎村人。成化丙戌（1466）进士，授编修，以谏震朝野。四十一岁退居林下，讲学于枫木山中。弘治十四年（1501）起为南京国子监祭酒。

渡镇[1]渡口的《待渡碑记》里写道：

> 凡四方舆马之经行，负担之往来，日以数千。居民数百家，咸以货殖为业。

另有香溪镇，万历六年（1578）建制为镇，设巡检司和税司，得税为县城税收的21%。

离诸葛村只有15华里的永昌镇、离诸葛村40余华里的游埠镇，也都是工商业很繁荣的大镇。

3.药材业

兰溪的各行各业中，有一项很特殊而又很发达的行业，就是中药业。当地人俗谚说“徽州人识宝，兰溪人识草”，草就是中药。《康熙兰溪县志》记载，明代上交两京礼部药材有半夏、前胡、穿山甲等十种。《光绪兰溪县志》则记万历六年杂赋中有药材十二种。同《志》记载兰溪物产，有药属三十七种。其中说到岘山出产红党参，诸葛村就在岘山脚下。但兰溪人主要是经营药材，开药店、批发、贩运，并不重视种植药材。据《兰溪实验县商业概况》[2]（1935）说：

> 浙东各县多产药材，因兰溪交通便利，多集于此……甚至闽、赣、皖南，需要药材亦皆仰给焉。且本县习药业者亦较各业为夥……凡浙东各县药店，兰溪人开设者实居多数。

到各县或外省开设药店的兰溪人形成父传子、亲带亲的“药帮”，有专门的行话，叫“药切”。在兰溪县城，有一个瀫西药业公所，于清乾隆九年（1744）建立了一座一千多平方米的药皇庙。道光十九年

① 平渡镇即今女埠镇，离城8里。明洪武二十六年（1393）建制为镇。

② 1933年，兰溪曾被民国政府设为实验县，1937年复为普通县。

民居俯瞰

（1839），公所出资在兰江建船埠设义渡，称药皇渡。

世代经营药业，精通中药的鉴别和加工炮制，带动了医术。早在宋代，兰溪县城就有药局。“储药饵，以施济百姓之疾苦者，名曰惠民药局。”（见《光绪兰溪县志》）《康熙兰溪县志》则记载了一所医学院：“医学旧在三皇庙侧，元初设学。即宋之官酒务基而建三皇庙，因设医学以附其侧。由其主祭。”这个医学院历代名医辈出，宋代就有郭时芳，“回生起毙，百不失一”。元代有何凤为婺州医学教授，王开在大都的公卿间行医二十余年。明代以后就更多了，而且有不少著作传世。

兰溪的药业从业人员中，诸葛村人又占了绝大多数。“瀫西”指的就是兰江以西，诸葛村是瀫西最重要的药材专业村。

兰溪的文化

1.文物名邦

不仅商业和手工业发达，兰溪也是一个人文荟萃之地。唐代“甘露之变”死于宦官之手的丞相舒元舆和唐末五代的诗僧贯休都是兰溪人。自范仲淹提倡各地创立书院以来，宋、明两代，兰溪有书院不下十四所，其中至少有五所是宋代建立的。朱熹、吕祖谦、王鲁斋、金履祥、宋濂、王阳明几位大理学家或者在这些书院里短期讲学，或者长期主持它们。南宋以后，兰溪有几代著名的理学家，共同形成了金华学派。此外，明、清两代，兰溪还出了几位学者和戏曲家。文风盛，科第成绩就比较高。宋代，兰溪有进士112人，香溪镇范筠一家“十子九登科”。明代兰溪有进士66人，弘治三年（1490）庚戌科，金华府的四名进士都是兰溪人；成化十一年（1475）乙未科，金华府的6名进士中兰溪籍的占了3名。清代兰溪科举成绩下降，初年还有21人考中进士。（见《雍正浙江通志》）所以，清代《重建云山书院碑记》中说：

> 兰溪之科第蝉联，勋名烂于朝野者指不胜屈，是故浙东为郡八，为县五十有四，实学名儒，巍科显仕，未有出兰左者。猗欤盛哉！

正德十五年（1520），章懋作《先圣庙记》，里面说：

> 兰溪为婺望县，其山有紫岩之秀，水泛瀫波之文，最为奇胜，而清淑所钟，英贤辈出，有一乡三八行者，有一里二贤良者，有一门五高者，其他以经术、政事、文学、死义名者，后先相望。

崇行堂大门

兰溪算得上是一个文化名邦。

2.理学

兰溪西北为皖学之乡徽州，西距大理学家朱熹故里婺源不远，都有水路可通。学人之间互相激荡，兰溪也出了几位重要的理学家。

首先是香溪镇的范浚，创立了金华学派，或者叫“婺学”。范浚是范筠的第八子，没有应举，后来举贤良方正，因秦桧当权，凡七聘而不仕，借保惠寺办书院讲学，著《香溪文集》二十二卷。朱熹两次来访未遇，逝后来吊，所以香溪范氏宗祠有楹联：

朱子三访地；朝廷七聘家。

朱熹给他写了小传，说道：“于时家居，授徒至数百人，吾乡亦有从其游者。”又说，由于出了范浚，“岂非天旋地转，闽浙反为天下之中”。

据杭世骏评论，范浚之后，婺学代表人物为吕祖谦兄弟和陈亮，都是金华府人。婺学大盛于宋、元间的何基、王柏、金履祥和许谦，明初的刘基赞他们为“四贤之杰，群儒之英”（见《八华山志》）。其中金履祥，字仁山，是兰溪纯孝乡铜山后金村人，距诸葛村不足二十华里。再以后，则有明初的宋濂、方孝孺和稍后的兰溪渡渎村人章懋。全祖望说“南宋时浙东有邹鲁之称”，说的就是婺学的建立。婺学倡导“经世事功”而与朱熹等理学家的性理之学对立，[1]金履祥曾经规划过抗元战略，宋濂则是明代开国的第一文臣。这些婺学大师大多有著作问世。

3.经史文学和藏书楼

与理学家同时，兰溪自宋代以来，还出了许多治经史文学的学者。最早的如宋代的杜汝霖一家，紫岩乡人。杜汝霖有五个儿子，虽然也有从师于吕祖谦的，也有问道于朱熹的，但都不事理学，而与陆游、辛弃疾等交往。长子伯高著《桥斋集》，次子仲高著《杜诗发微》《癖斋集》，三子幼高有《碎裘集》。

到明代，最著名的学者有胡应麟。《光绪兰溪县志》说他：

> 不为经生业，独为古文，质于父曰：吾乡范、金二先生皆布衣耳，何仅以科名重耶？晚筑室城隅，号二酉山房，购书四万余卷。著有《六经疑义》《诸子折衷》《少室山房稿》《诗蕞》《诗薮》《笔丛》等，共三十七种，三百四十七卷。

胡应麟僻处兰溪而成为中国文化史中的重要人物，可见兰溪文化

---

① 因此，冯天瑜在《明清文化史散论》（华中工学院出版社，武汉，1984）中认为婺学不是理学。

气息的稠浓。他交往的本邑朋友中，有不少是很有修养的文人，如陆瑞家，《陆氏家乘》说他熟读经、史、子、集、百氏千家，“由是学问益博，文篇益高，学问迥别流俗”。著有《学契摘稿》《遗野集》《古台集》等。据明代《两浙著述考》的不完全统计，有明一代，兰溪有51人有经、史、子、集等著作传世。

兰溪文风盛，读书人喜好收藏书籍。《金华书录》说：“婺州藏书，独盛兰溪。”藏书的风气首创于宋濂的青萝山房，后来，比较著名的除了胡应麟的二酉山房（又名少室山房）藏书四万卷外，同时还有徐介寿的“百城楼”藏书五万余卷，纯孝乡厚仁村陆瑞家（1542—1605）的“万书楼”藏书十余万卷。此外还有唐彪的“万卷楼”、黄时高的“云山书楼”、郑瓘的北园和章懋的藏书楼等。这些都是明代建立的。藏书楼的普及，说明一种生活方式和理想的普及。《光绪兰溪县志》写到郑瓘，说他：

> 成化丙戌试南宫中乙榜，授闽学训导。弘治庚戌进士，年四十五致仕，家居三十七年，无他嗜好，尝筑室北园，聚书数万卷，昼夜披读，有所得，即书之，率皆切于世教。所著有《道德经阴符经正解》《礼仪纂通》《深衣图说》《纲目撮要补遗》《鸿迹莺音二录》《蛙鸣集》等书。

有些藏书楼很普通，如章懋的，仅仅“构室三间，中张布帷，左右置经籍，以供玩索”。二酉山房则有了藏书楼特有的功能面貌，楼在兰溪城北官塘思亲桥畔，胡应麟自为记：

> 山房三楹，中双辟为门，前施帘幙，自余四壁，周列庋二十四。庋尺度皆齐一，纵横辐辏，分寸联合。中遍实四部书。下委于础，上属于椽，划然而条，岌然而整。入余室者，梁、柱、榱、桷、墙壁皆无所见。湘竹榻一，不设帷帐，一琴一几、

> 一博山、一蒲团，日夕坐卧其中。性既畏客，客亦畏我。门屏之间，剥啄都绝。

王世贞在《二酉山房记》里说它“上固而下隆，使避湿，可就日”。楼旁有古梿树，高接霄汉，俯蔽池塘，读书之暇，或倚树长吟，或傍水沉思，都可以深化对学问的认识。

更注意环境的是建于明隆庆六年（1572）陆瑞家的“万书楼”。它造在离诸葛村不远的厚仁村的载阳冈上。《纯孝乡陆氏宗谱》说到楼址的气势：

> 其朱雀为殿山，颇似半月。之阳，石泉甃焉。其玄武为大山，去鹤山甚迩。其青龙为中塘诸山。
>
> 登垅而眺远，则金华诸山峙其界，岘山诸峰耸其后，桃峰、道峰诸山列其左，九峰诸山供其右，是足以当此楼之四岳耶。

楼共九间，暨左右厢六间，共十五间。有园林，其中又有“耕钓轩”。除书籍外，兼藏字画。可惜楼与园及全部收藏品都毁于太平天国的战争。

这些藏书楼绝大多数在乡村里，当时的文士学者爱好乡居，标榜“身不入城市，足不履公门”。广大的乡村，其实是明清两代的文化基地，包括正统的雅言文化。

4.乡绅

除了理学家和文士学者之外，兰溪城乡，尤其是乡村，有大量的知识分子，大多是科举制度促成的，他们或者未仕，或者致仕在家。他们是上层雅言文化在农村里真正的代表，起着普及礼乐教化的作用。

他们在乡间造几楹幽斋，雅洁精致，过着诗书自娱或者设帐授徒的生活，虽然未必躬亲农作，却也标榜耕读的传统理想。仅仅《光绪兰溪县志·古迹》里，就有“馆”五、“堂”十九、“楼”十五、“阁”五、“轩”十、“斋”六、“山房”四、“别墅”八、“庄（山庄）”三、“书屋（室、书亭）”六、“隐居”二、“园（圃）”九，此外还有“月区”“柏林”“松坡”各一，一共九十三所。这些小筑，大多建于明代。也有些建于宋、元两代，少数是清代建的。它们造在风景秀丽的山水之间，有的还附有园林。储书陈琴，友朋酬唱，个中生活的文化水平很高。例如“青萝馆”，是明代居士江伯容所筑的读书处。他有《初夏村居》诗：

满村桑柘绿成丛，曲水平桥处处通。
出草青蛙荷叶上，啼村黄鸟柳荫中。
茅檐邻并三家舍，草阁萧疏一亩宫。
偶与田翁较晴雨，不知残照上扉红。

诗句表现出自然生活的美以及对这种美的陶醉和满足。物我相与，淳朴而圆融。

明代太仆郑本立在兰溪东郭外造了一所“逸老堂”，他在自为《记》中说：

予今老矣，其建斯堂也，岂仅图自便自适已乎，将期完晚节以无忝所生也。堂侧有阁数楹，储古今图籍，朝夕玩索，以庶几孔子五十学《易》之意。去堂里许，有园一区，环植翠竹，中构有“斐亭”，日月一至，诵淇澳之诗，想见卫武公耋而交儆之志。徜徉三径，无逸而逸，又乌知老之已至未至哉？

这是非常典型的当时文士的生活态度和方式，它们所蕴含的价值观无疑会对乡村社会中一代又一代知识者发生深刻的影响。

乡村士绅潇洒无为的生活方式、比较高的正统文化修养和对大自然亲切的感情，都导致他们爱好园林艺术。所以，他们在流连茫茫苍山、泱泱云水之余，就依傍这些堂、馆、别墅之类营构园林，寄托他们的理想。《光绪兰溪县志》专门记录了九所比较大的园子。其中藏春园、邵氏园、柳氏大园建于宋代，其余元代一、明代三、清代二。其中诸葛村的“西园”是乾隆年间造的。康熙武进士唐饟在兰溪城东建“可园”，有自为《记》，说它：

> 广可二十亩。东引云泉，北傍山麓，入园中一潴而为小圆池，在山下；再潴而为大方池，在园心；三潴而为小方池，在堂前；四潴而为大方池，在堂后屋侧。小圆池之上叠文石为峰峦洞壑，杂植花药，中为方亭，明窗四启，掩映林薄，可休；循亭左渡石桥，历级而上，平其地为台，眺望甚远，可啸；大方池种红白莲，中为小亭，左右石桥，旁带苔矶，可漱；小方池之上有海棠二本，各数丈，花开甚丽，可玩；其西为堂，堂上为楼，吾储书其上，可读；右为凉室，以招北风，可夏；左为暖室，以延南曛，可冬……

另外还有鱼池、稻田、菜畦、果林等。这座“可园”规模和艺术都非常可观了。

兰溪乡村园林之盛是各处少见的，可惜经过历次战争和土地革命的破坏，它们都已经全部不存在了。

5.风俗

虽然正统的上层雅言文化在农业为主的兰溪县仍然占着主导的地位，但是，明代以降，商业经济所带来的新的市井文化，已经强有力地向传统文化挑战了。章懋撰《正德兰溪县志》说兰溪风俗：

> 兰邑风俗古今凡几变矣。迨宋南渡，中原文物之渐渍，诸贤

道学之讲明，然后蔚然为文献之邦。……至以科第、宦业、文行知名，非祖父子孙之济美，则亲从昆弟之联芳。故气习淳厚，反朴向方；习尚忠厚，公论坦明。……自我明以来，男勤生业，鲜驰狗马；女事纺绩，不出闺门。丰以延宾，啬于奉己，庆吊礼尚往来，婚嫁择先门第，此其俗之可称者也。居市井者多夸诈，处田里者或粗鄙，趋利而好名，尚气而健讼，强凌弱，众暴寡。女生不育，惧乏资装；男壮出分，竞争家产。婚失其礼，故或轻诺而致讼，或论财而鬻婚；丧失其礼，故崇佛寺而忘哀，惑风水而不葬。此其俗之未善者也。

章懋明确地提出了上层“正统”文化、市井文化和田里文化三种文化的特点和矛盾。他站在“正统”文化立场上尖锐地批评了市井文化和田里文化。及至清末，《光绪兰溪县志》加以补充，对市井文化的批判更加激烈，这当然和市井文化的发展有关。同《志》说：

国初业儒不出数十名族，乾、嘉以来，矜尚者众，士风蒸蒸日上，至道、咸间较盛。文雅者恪循礼仪，质直者矜尚气质，乡民日被渐染，能明大义。……若夫应酬之礼，先辈风气醇厚，重亲谊、慎交与，庆吊无多仪，宴会戒糜费。厥后渐趋于奢，馈遗燕饮，浮文多而实意少，致有疏间亲，新间旧者，此俗之不如昔也。燹后[①]市廛复兴，商贾云集，买卖易于取利，愈增浮费，致饰外观。城居土著，不免相习成风，犹幸士族尚知撙节，不与推移。且近年来市面渐觉艰难，此风应可少息。尤望官斯土者，培植士类，感化商民，表率而整齐之，庶几崇实黜华，自不难于复古矣！

《兰溪县志》上的这两段记叙，很生动地说明，明代后半叶以来，

① 指太平天国农民战争之后。

随着商品经济的发展，早期的“商民”中有一些人很快富裕起来，同时，城镇里也就萌发了以他们为代表的新文化、新道德、新风尚和新的价值观。它们不可避免地要与“四民之首”的“士类”所代表的正统士族文化发生尖锐的矛盾。士族文化一贯崇本（农）抑末（工、商），所以就鄙视这些新的文化现象，斥为“俗之未善者也”。“士类”对“市井文化”的斗争是很自觉的，除了划清畛域，叹息“世风日下，今不如昔”之外，他们还企图“感化商民”，甚至对市面的艰难幸灾乐祸，以为可以趁机“复古”了。

在兰溪，由于商业和手工业发展得很早，“士类”的上层文化和商贾市俗文化的对立也发生得很早。宋代，香溪镇的范茂通造了一座书斋叫“此君轩”，他的从子范端臣写了一首诗，有句道：

……
只今俗子纷廛间，铜臭熏天夸侈极。
曲眉皓齿宴华堂，嫚绿妖红醉春色。
争如此处是潇洒，左右牙签散图籍。

他鄙薄了“铜臭”，矜夸了“图籍”。不过，可以看出，商贾们在那时候已经很有势力，他们的文化已经开始泛滥，尽管正如《县志》所说，这种新的文化因素是到了明代后期才稳定壮大的。这种新文化因素，虽然带着“铜臭”甚至腐朽气息，却不是士类的正统文化所能扼杀的。“图籍”无力阻滞历史的发展，在商品经济比较发达的城镇里诞生的新的文化因素，逐渐扩大到附近的村落里，它削弱甚至动摇了传统宗法制的权威，冲破它无所不在的统治。

“市井文化”的价值观也会折射到上层文人的思想里去，浙东的婺学早在南宋就已经产生，它的核心就是提倡经世事功。宋代永嘉人叶适说“抑末厚本非正论也”。到了明代末年，黄宗羲说“以工商为末，妄议抑之”，是“世儒不察”。

“市井文化”会改变传统的生活方式、行为方式和伦理关系，它也会造成一种新的精神状态，少一点因循保守，多一点创造性。明人李贽的思想和“公安三袁”[1]的文论，都是大胆突破旧规范，刻意求新的。兰溪县下李村人、清代大戏曲家李渔，更是高扬创新的旗帜。下李村离诸葛村只有15华里，而且他青年时代在江苏如皋诸葛氏经营的药店里学过徒。

“市井文化”也会给乡村的婚丧礼俗、四时八节、迎神赛会、祈年求雨、立柱上梁等民俗文化注入新的因素，造成新的变化。

占统治地位的上层文化、新的具有挑战性的市井文化和无所不在的民俗文化，它们三者的共存、纠结、矛盾和盛衰兴替，都会在乡土建筑中表现出来，从聚落的结构、布局到房屋的装饰，影响历历可见。诸葛村是一个商品经济发达的村子，它的整体和建筑局部，都具有从纯农业社会向工商社会转变初期的典型特征。

商业和手工业的繁荣，也使普通百姓家的日用品更趋精致，更趋艺术化，如家具、餐具、寝具、灶具、洁具和各种其他用具，不论是竹的、木的、陶的，工艺水平都很高，从而提高了百姓的生活质量。但一般百姓家里，并没有达到像《县志》里批评的那样靡费奢华，以致须要提倡“复古”。

6.兵燹

兰溪地位冲要，明代正德十三年（1518），弘治庚戌进士、邑人郑瓘作《拓城议》，说道：

> 邑束衢、婺两江之水，东输于钱塘。南欲拒北，则邑为衢、婺之门户；北欲拒南，则邑为杭、严之屏蔽。门户破而后衢、婺可攻，屏蔽固而后杭、严可守。

---

① “公安三袁”指明代晚期三位袁姓兄弟散文家，他们是宗道、宏道、中道。

因此兰溪历来是兵家必争之地。唐末的黄巢、北宋末的方腊、元末的红巾，都曾经攻克兰溪。明末的农民战争也曾经波及兰溪。对整个婺州，包括兰溪在内，破坏最惨重的是明清易代之际清兵的大屠杀和其后太平天国的占领。这两次都使当地的人口大减，村落为墟。李渔写《婺城行》诗记清兵的屠城，有句道：

> 婺城攻破西南角，三日人头如雨落。

太平天国战争，石达开于咸丰八年（1858）过兰溪，李世贤据兰溪两年（咸丰十一年，即1861年四月至同治二年，即1863年正月），后来被左宗棠部击溃，战事十分酷烈。战后又连遭瘟疫和旱灾。《光绪兰溪县志》载：

> 同治二年正月克复兰城，尸骸枕藉，知县谕办埋掩，掘大坑于山川坛下，舆骨其中，满而覆以土。又令于近城诸乡收买骸骨并埋之，每收骨一斤给钱三十文，愈收愈多，后每骨一斤给钱四五文。

又据兰溪《方氏溪里源宗谱》载：

> （同治二年）二月瘟疫又起，有所染者三五日即死。又遭久旱，饥民食草木树皮殆尽。珠玉服饰，贱如粪土，饿殍载道，死亡枕藉。

以致兰溪的丁口，到光绪三年（1877）只有45568人，比两百年前的康熙六年（1667）还少9454人。

太平军的破坏，使闾里房舍也遭到极大损失，《太平祝氏宗谱》说："十室九空，新旧宅神华于斯殆尽。"诸葛村在太平天国战争中也被烧去大半，直到如今，旧村区还没有恢复到燹前规模。

诸葛村的经济和文化

1.农业经济的不足

从兰溪城向西偏北走，一路平展展的水田，点缀着鲜红浓艳的乌桕树，40里，来到建德、龙游、兰溪三县县界，这里坐落着诸葛村。村民们说，这个村是“一家饭熟三县香”。它旧属太平乡仙洞里。

诸葛亮的十五世孙诸葛浰于五代后唐时到寿昌做县官，卸任后就住在常村，这是诸葛氏迁居浙江的开始。大约到元代中叶，诸葛浰后代宁五公到此地定居，成为始迁祖。据传说，这地方在唐代就有居民点，有王、章、祝、梅等姓氏的小村子。后来，诸葛氏势力强大，人口猛增，村子便被命名为高隆村，渐渐吞并了几个异姓村落。附近还有将近十个小村子也是诸葛氏的血缘村落，或早于或晚于高隆村。大约从明代中叶起，村子才以诸葛为名。①

诸葛村栖息在一片低矮的丘陵上，地形起伏不平，海拔高度为61—90米。东、北、西三面有冈阜包围，在外侧大道上很不容易发觉这个村子。南面有一口大水塘，叫北漏塘，塘南便是广阔的水田，一直延展到数十里外的兰江边上。乡民有俗谚道：“诸葛好村坊，北漏塘下好田庄。”

高隆村本是个以农业为主的村落，农作物主要是稻和麦，水稻是最重要的粮食作物。据《光绪兰溪县志》，当年诸葛村有名产白菜，称“诸葛白”。叶小，梗长而白。还有一种瓜，“洋瓜产诸葛风车坞者佳，

---

① 高隆村之名大约取自孔明“高卧隆中”的意思。村西北旧有“高隆市”，村北端原有“高隆冈”，其名应与村名同时而得。今高隆冈已于20世纪末打开，旧名仍存。据2005年统计，村民957户，91个姓氏，2800人左右。其中诸葛氏524户，1500多人。异姓人口大多是太平天国战争之后迁入的，各姓如今和睦相处，融洽无间。

瓤黄子黑，即西瓜之别种，名诸葛瓜”。村落的宽敞处，都设有杉木架，为的是晾晒诸葛村的名产大青豆。一到金秋时节，满村挂着豆棵，黄灿灿的，叫人感受到农收的喜悦。晾晒干了，又满村响起梿枷声。有些老人，坐在石阶前，抓着一把把的豆棵摔打，饱满的豆粒蹦蹦跳跳脱出开裂的豆荚。不过，诸葛村地势高，附近的河水引不进来，丘陵地区的农田常患旱灾，人口增加之后，农业生产不足以自给。

但是诸葛村是一个交通枢纽。联系徽州、衢州、严州、杭州的大路都经过诸葛村。它又距衢江、富春江不远，东侧的石岭溪于丰水季节可通竹筏和小船，直入衢江。而且，诸葛村附近相隔十几二十里分布着一些集镇。因此，诸葛村的地理位置很有利于发展工商业。早在明代，诸葛氏就善于经营商业，并且发展手工业。诸葛村成为附近半径10余里范围里的工商经济中心。明清两代，直到民国时期，诸葛村的家庭手工作坊很发达，主要是为日常生活和农业生产服务的。例如打铁业，竹、木、棕、草业，箍桶业，家具业，成衣业，弹花业，制烛业，榨油业，寿器业，染坊，以及油、酒、酱、糖、腌腊等作坊，还有当铺和首饰店。附近村民，购买日用百货，出售农副产品，都要到诸葛村来。

明、清两代，全国商品经济主要在小城镇和集市中发展起来，许多江南集镇的市场范围扩大到全国。公元1500—1800年的三百年间是我国市镇的稳定成长时期，尤其是从正德、万历到乾隆，市镇数量大约增加一二倍以上。19世纪中叶以后，江南市镇进入极盛时代，诸葛村正是在这样一个大背景下发展了它的商品经济，尤其自太平天国平定之后，百业重兴，进入了从农业社会向工商业社会过渡的初级阶段。

诸葛村的整体结构和个体建筑，都反映出这个从农业社会向商业社会过渡时期的历史性特点。

2.中药业兴起

遵从“不为良相，宁为良医”的祖训，这个诸葛氏宗族特别专长于经营中药材，从业很早，从业人数很多。一向发达的兰溪中药业，约有2/3是诸葛氏宗族经营的。《高隆诸葛氏宗谱·序》说：

> 吾兰药业以瀔西为著名，而瀔西药业又以诸葛为独占。以余闻之，有清中叶苏州之文成，咸同间扬州之实裕，俱有声于时，除杭州胡氏庆余、叶氏种德外，当屈一指。棠斋、韵笙父子，后先济美，长驾远驭，设祥源庄于沪上。南则广州香港，北则津沽牛庄，运输贸易半中国。

1987年编制的《兰溪县诸葛镇文化志》说：

> 素称医药之乡的诸葛镇，药店分布江南一带及广东、香港等地。据考查，诸葛镇人在外地经营药业的有三百五十家以上。

早在明代，滋树堂派的诸葛族人就在江苏如皋开设了一家中药店，叫实裕药店，后来李渔就在这家药店学过徒。清代初年，滋树堂派的诸葛巍成在苏州开设文成药店。嘉庆年间，诸葛石渠到温州开设集丰药店。药店中规模最大的是由诸葛锵（1844—1900）创业的天一堂。它创设于咸丰年间，又在兰溪城里开天一药行、同庆药行，经营批发，后来在天津、牛庄、上海和广州开设同丰泰药号，在香港开天一堂。诸葛锵的儿子诸葛泰（1871—1942），字源生，继承父业，并进一步扩大，在兰溪圆石涧和诸葛本村有养鹿场，各养制药用的鹿数十头，产品远销杭州、上海、台湾等地。其他药店也有在诸葛本村养鹿的。在诸葛村里，门市另有葆仁堂、寿春堂、天生堂、九和堂、立德堂、同德堂等六家药店，供应广大农村。

中药业是一门专业性很高的行业，从采购鲜药到炮制丸散膏丹等各种成药，不仅要求很熟练的技术，而且要研读医书，“医药不分家”，因此，高隆诸葛氏业医的也不少。宗谱里记载的有声望的族人中，兼擅药和医的就大有人在。如明代末年的诸葛心吾，“精于岐黄家言。有丐药者应手而瘳”（见1947年宗谱《墓志铭》）。又如清初的诸葛蓝田，凡邻里“有疾不能延医，则取药以疗之……踵门求药者每日几如市云”（见1947年宗谱《诸葛蓝田太亲翁传》）。他的儿子晴园，“时复采上药、中药百有二十种，普济世人，以昭厚德”（见1947年宗谱《寿序》）。诸葛村历代也出了不少名医，如诸葛守训（1610—1692）和他的儿子们，诸葛松（1725—1793）等。

药和医可以济世，同时可以致富。诸葛村的药商里有不少成了富翁。富翁阶层的兴起渐渐引发了意识的变化。1947年编修的《高隆诸葛氏宗谱》说：

> 药业之兴，有长老以为之表率，有系统以资其联络，贸迁有无，亿则屡中，发皇光大，卒有为陶朱。

咸丰、同治年间的“大贡元”诸葛绳飞在《七秩寿序》中说：

> 轩冕遗情，括苍陈肆；编排《本草》，次第灵芝。槎阁巍峨，朱旛增色；剑池莹澈，锦芨生辉。人斟郦菊之泉，都堪益寿；客种董林之树，倏已成阴。斯则岐黄原可活人。陶朱因而积产矣！

又如《恭祝诸葛鹤亭大兄大人四旬初度》中说：

> 鹤翁之先尊克轩公，溯七泽，历三湘，蓄仙苓，采芳草，种早培乎玉树，遗岂止乎金籝。鹤翁则克体父心，善传世业，谓贸迁固堪继志，即服贾亦足孝亲。与其读万卷之书，孰若积千金之产。（同治七年秋，教谕祝书云撰）

他们不但经商致富，而且鲜明地主张：积产胜过读书。商贾们突破了千年来抑制末业的传统，向千百年来“万般皆下品，唯有读书高”的传统观念挑战。“耕读”的梦，终于黯淡失色了。

清代初年，康熙、雍正、乾隆三朝，以中药业在全国各地发家的诸葛族人，纷纷携资回家置业，建设了宗祠、私己厅和大量住宅，也振奋了村中的商业。那时期奠定了诸葛村发展的基础。

3.文化的传统

诸葛村的地方文化处于从传统的农耕–科举文化向市场–商业文化转变的过渡阶段。

虽然由于一些人弃儒从商，市井文化的发展削弱了对科举取士的兴趣，但早期的诸葛村毕竟还远远没有脱离传统生活方式的轨道，一些佳秀子弟还迷恋着科举入仕的道路，又由于诸葛氏所从事的药材业需要阅读很艰涩的书籍，所以，一些村民还是维持着比较高的文化水平，从而使传统的文人文化在诸葛村还保持着重要的地位。早在明代，诸葛族人在村北建了一座南阳书院，是“高隆八景”之一，明正德间陆凤仪有诗：

花竹绕庭除，图书万卷余。
云藏扬子宅，人识卧龙居。
景物随游惬，江山入望舒。
悠然栖息者，谁羡武陵墟。

看来这书院规模不很小，储书万卷余，大约也不仅仅是应付科考的。

乾隆己亥年（1779），诸葛族人中殷实者捐田、捐银，共有千金之余，办了一个“登瀛文会”，“月数聚士子课制艺。优者给以膏火之费，乡会试赠以宾兴之资，从无间断”（1947年宗谱《重整登瀛文会记》）。这是专门为资助读书和科考而设的。

不过，高隆诸葛氏毕竟因为大量经营药业而不十分重视功名，而且祖上遗训“不为良相，便为良医”，继承诸葛亮宁静淡泊的志趣，所以，后来高隆诸葛氏的科名成绩平平，明清两代，只有嘉靖十七年（1538）诸葛岘、康熙四十五年（1706）诸葛琪、乾隆十六年（1751）诸葛仪和嘉庆二十四年（1819）诸葛憓4位进士。乡贡不过9人，其中有这4位进士。

这情况与传统的农业社会不同。诸葛村南边大约只有二三里的小小纯农业村落菰塘畈，竟有书院三座之多，其中两座建于宋代，而且这个村的文运也很发皇。另一个近邻小小的纯农业村落翁家村，也有一座建于明代的书院。

然而，传统文化的意义远不止于科考。它培养了一代又一代的乡村知识分子，使他们成为正统文化的代表，成为正统文化影响乡民的媒介。这些知识分子在他们的诗文著作和生活方式中标榜传统文士恬淡自然的价值观。诸葛村历来也有这样的知识分子，他们的文化学术都达到相当高的水平。明正德初，精诗擅画的诸葛文郁（字盛之）建“西轩”，永康徐御史写一篇《赞云山清隐序》赠给他：

> 兰有隐君子诸葛盛之者……耽嗜诗书，不求闻达。于所居岘山之西筑室一楹，名曰西轩，储以典坟，树以花草，优游晏息，日与青山白云相为主宾，寓隐意焉，一方高士也。

又有清代晚期四十七世诸葛佐明，在村中建“环绿园”书轩，诗书自娱。著《石汀诗集》，有诗如“松磴弹琴”“菊径烹茶”“梅窗点《易》”“南阳列画”“钓矶竹月”“石室兰崖”“悬崖飞瀑”等。可见他的生活情趣。他作《自赋书轩杂咏》：

> 万绿中藏轩半楹，鹪栖偏觉一枝清。
> 耽书日向蕉间坐，细听时鸣叶上莺。

这种生活情趣里饱含文士们的价值判断。他们很轻视诸葛村一向重视的医药业，从而引起了村民观念的冲突。

距诸葛村10华里，另一座诸葛族人聚居的泉山脚村，保存着一份《泉麓诸葛氏宗谱》，里面的元代《泰十七处士传》里说：

> 产业自有定主，若妄贪恐致累于家室。有余财者则可，并不可勉强而假贷为之。惟事农耕，不逐末艺。（元·孙克海撰）

所谓末艺，就包含医药学在内。

明末清初的学者张履祥教育他的儿子说：

> 士为四民之首……工技役于人，近贱；医卜之类又下一等；下此益贱。（见《张杨园先生全集·训子语上》）

诸葛村人在元代就开始经营药业，而几百年后的知识精英还这么轻视医药业，这从反面证实了诸葛村人思想的开放和活跃。

4.文化中新因素的发展

诸葛村的风俗是传统的上层文化、市井文化和以农民为基础的民俗文化的混合物。混合了就会发生矛盾和斗争，从而引起主流因素的变化。所以，新旧文化的矛盾在医药业的评价上以最尖锐明白的语言发生了冲突。

1926年，季分派宗厅尚礼堂修缮后，有一副对联，写的是“科第尚哉，必忠孝节廉，自任儿端，方为敬宗尊祖；读书贵矣，但农工商贾，各专一业，便为孝子贤孙”。它给了商贾一个正当的评价。

1947年的《高隆诸葛氏宗谱·重修族谱序》里旗帜鲜明地提出了完全反传统的观念。它说：

士农工商，谓之四民，四民具备，各举其职，而国力以强。四民有其一，能举其职，造诣精进，而国基亦以植。

它把诸葛村的药业奉为“驰名浙东，历百余稔而生理勿衰，商战之雄”。结论是：

国有四民而诸葛有其二，故能卓然自立，声施烂然，而为兰西之望族也欤。

话说得非常明确干脆，工商业者的社会地位被提高到与士类相埒，而曾被张履祥评为“又下一等”的医业，这时被诸葛氏看成很崇高的事。这本宗谱里的《大贡元诸葛芸简先生大人八旬寿序》里说：

闻《诗》闻《礼》，金籝偕经笥同传；寿世寿身，丹灶与玉函并援。棐几检桐君之录，顾人尽享大年；市门霏橘井之香，此处堪供小隐。

除了不敷生活必需的农业之外，药业是诸葛村人赖以生活的最重要职业。所以，他们挺身面对传统，非常明确而高调地歌颂了药业，虽然他们在肯定药业的社会地位之时，还要鼓吹所谓“儒医”，标榜他们“生平最喜读书”，“家储秘籍、古琴、书法、名画以供清鉴”。不过，他们生活的基本取向还是积财为富，这就从根本上决定了他们不可能去制止经济和文化的发展。

诸葛村在早期也跟附近所有的纯农业村落一样，没有商业街道，也没有商业中心。住宅以一座座的房派宗祠或一座座的“祖屋”为核心形成团块，这些团块再组成整个村落，又以全宗族的大宗祠为整个村落最重要的礼制中心。但是，最迟在清代初年，诸葛村就因为商品经济的发展而在村子西南角的高隆市形成了商业街道。太平天国失败之后，诸葛村的商业大发展，又形成了以上塘为中心的商业地区，叫“街上”。它们的重要性，尤其是它们的活力，它们对乡民生活的实际影响，渐渐超过了礼制中心。商业中心的空间也很宽阔，而作为诸葛村最高礼制中心的丞相祠堂门前却连一块空场都没有。这种现象，十分鲜明地反映出诸葛村从纯农业的宗法社会向商业社会转化的历史性过程，虽然它还处于很原始的初级阶段。

由于诸葛氏大量外出经营药材业，长年甚至累世，宗族观念自然淡薄；又由于诸葛本村的商业、手工业和服务业绝大多数由外地人经营，所以，宗族对村中的管理职能大大削弱，不再像纯农业宗法制村落里那样是实质上的全能政权机构。到清代末年，诸葛村终于分成两部分，即“村上”和“街上”。村上主要由宗族管理，街上则主要由商会管理。商会是商人和手工业者的自治组织，负责调适与商人和商业有关的事务，各方面的利益。还要雇人打更、清扫街道，组织龙灯花灯，承包税务，设立名为“永安会”（或称水枪会）的消防队。在内战频仍的年代，军旅往来，商会还要出面筹款支应。到晚近，连诸葛镇的警察局都是由商界的热心人士筹办的。宗祠则按传统惯例主管宗族内部祭祀、修谱、兴学、恤老、济贫、祈年、做道场、调解纠纷等事务。村子的商业中心在北部，主要在外地杂姓占多数的上塘，商会设在它附近。代表基层政权的村长、保长、甲长在春晖堂里办公，春晖堂因而被称为“官厅”。宗族的活动则多在南部的丞相祠堂和中部的大公堂，这是传统的礼制中心。诸葛村已经开始由血缘村落向地缘村落过渡，这是和商品经济同时发生的历史现象。

药商在外面积攒了钱，仍然按农业社会的传统风尚带回生养他的那块土地，主要的用途是兴造住宅。天长日久，住宅越造越多，诸葛村的范围越来越大。这些住宅的数量之多，规模之大，形制之考究，装修之精致，又都超过了农业社会的实际需要。许多住宅有一个三开间的“厅”，或在楼上，或单独为落地的一“进”，构架精致，装饰华丽，专供阔绰的排场之用。

厅主要供男性的交往，设厅有助于严分男女内外。严分内外是这些住宅的重要考虑，因为家主多在外谋生，家眷留在故乡。封闭内向的形制，高高的围墙，小小的天井，这种住宅，对外人是堡垒，对妇女是监狱。和宗谱里那么长的节妇贞女名单一样，它们都是宗法制度的镣铐。

诸葛村的社会、经济和文化也反映在建筑装饰上。像在纯农业村落里一样，住宅的装饰也大量使用传统的“诗书礼乐”“渔樵耕读”“琴棋书画”或者这类寓意的人物故事等为题材。但是，诸葛村住宅装饰的新特点是它们还大量使用“聚宝盆”“古老钱”“银锭”“刘海戏金蟾”之类的题材，触目都是，商人的拜金意识表露得很直率。每逢新年，大小门上的春联除了耕读文化的传统内容之外，还有许多是热辣辣地祈求发财致富的，或者歌颂钱财的威力的。在春联旁边，家家贴上一对金纸或银纸剪的元宝，闪闪发光。

住宅有严密的防盗措施。大门扇外面常常钉铁叶子，里面加铁穿带。有些人家，大门用三道门闩，还要加闸板。许多住宅，沿外墙的内侧做木格栅，防贼挖墙洞进来。而在纯农业社会里，住宅通常是不闭门户的，陌生人走进去，歇歇脚，喝一杯茶，甚至坐下来吃一餐饭，连姓名都用不着问。

诸葛村的阳宅小风水也特别重视“聚财”。风水术把水比作财，住宅一定要“四水归心”，所以四合院最常见。“三间两搭厢”的三合院，要在前墙的内侧做“金鼓架”，形成向天井倾斜的披檐。又例如，所有的房屋，后檐的开间比前檐的都要大一两寸，使平面形状像“口袋”。如果强求前后一样，则难免会因误差而使前檐宽于后檐，那就会像“簸箕”。口袋能藏风聚气，而簸箕则是向外倾倒的。

远出经商，开阔了诸葛们的眼界，减弱了他们的地域观念，削弱了保守性。诸葛村从外地引进好多种大木工流派，其中影响比较大的来自东阳。诸葛村的宗祠和住宅大量使用磨砖雕花门脸，当地称为苏砖门头，据说，它们来自苏州，在苏州设计、制作完成之后，由水路经杭州、严州、兰溪、游埠，溯游埠溪而上，运到村南一里左右的新桥头，然后挑到诸葛村现场装配起来。这是商品经济发达的一个新现象。除了苏州以外，诸葛村的建筑也显然有徽州影响，主要表现在住宅形制、大木架系统和梭柱、月梁、挡雨板等的做法上，大体可以说，皖南、赣北、浙西、浙中同属一个建筑文化圈。

从纯农业社会向初级商业社会的过渡，也反映在诸葛村居民的日用器具上。日用器具不妨看成是住宅的附件，补充住宅的功能。许多日用器具，都是半专业或专业的手工业匠人的作品，从市场上定制或购买而来。它们已经不再像一般农村常用器具那样朴实天然，而是十分工致精巧。它们是手工艺的杰作，虽然大多数仍然保持着从功能和构造衍化出造型的法则，不过，有一些已经显然雕饰得过分、纤巧，甚至趋向繁缛。费工费料成了价值观的因素，例如雕花床、堂屋里的杠几、合欢桌、面盆架和梳妆盒等。有一些器具，则是直接服务于奢华的生活方式的，例如，公子哥儿们的竹鸡笼[①]和礼盒等。

从清代中叶，每年农历正月，诸葛村有两期灯会。第一期在正月十五元宵夜，由孟、仲、季三个房分各出板龙灯一条和青、白布龙灯两对，一共三条板龙、六对布龙。龙灯出了各房分祠之后，先登村子西北的石阜岩，下山后环绕全村，次日凌晨时分在上塘街散灯。这一期灯会是由宗族组织的。第二期由商界组织，在正月二十举行，有板龙灯两条，布龙灯五对。一共大约一百“桥”[②]。龙灯不出村，只环绕村中心的店铺巡行。同时，各店铺在门前扎花灯，有牡丹、月季、菊、狮子、兔子等。有些灯象征本店的营业特色，如酒店扎太白醉酒，文具店扎毛笔。花灯堆成几十座花灯山，又叫鳌山。这一期盛况甚至胜过第一期。

又例如农历每年四月十四和八月二十八举行的诸葛亮春秋二祭，每次五天至八天。大公堂里香烟缭绕，庄严肃穆，头首耆老，行礼如仪，而全村这时期商贾云集，江湖艺人、三教九流之辈，也从各地赶来，形成热闹非常的庙会。不但有喧嚣的买卖，也有赌博、娼妓和大烟。大公

① 竹鸡为一种特别能战斗的鸡，养来争斗赌博。

② 一“桥”即一节，长约2米，宽约20厘米，如板凳，上装花灯3—4盏。

堂里请戏班子演戏敬祖，街上后生仔趁机窥人妻女，以致有“要看大姑娘，四月十四大公堂”的俗谚。

虽然如此，诸葛村毕竟还处在商品经济的萌芽时期，它还处在农业社会，所以，民风仍然保持着农业社会的淳厚。人们重伦理，敦乡谊。例如，在诸葛村和它附近的村落里，都有点“天灯”的习俗。天灯的做法是：在一枚石鼓墩上插一根大约1.5米高、直径五六厘米的木杆，上端安一个形状像小房子的木匣。白天，天灯柱上挂草鞋、斗笠，供路人无偿取用，晚上在小木匣里点燃蜡烛作信号，赶夜路的人，身上压着一天的疲劳，心里焦急，既辨不清方向，又判不定远近，今夜投宿何处。黑暗里，天灯送来的一点摇曳的光亮，是乡邻乡亲们温暖的关怀，他知道，有光亮处就有床铺和热饭。于是，他感到他属于这方土地，这方土地是他的家乡。民间传说，“天灯”谐音“添丁”，灯里有“添丁老爷”，什么人出资点一盏天灯，家里就会添子添孙。可见，乡人们把在暗夜里送行人一份贴心的亲情看得多么重。

总之，诸葛村的文化状态，是从农业社会向商业社会转化的初级阶段的文化状态，是刚刚开始从血缘村落向地缘村落过渡时的文化状态。它基本上保持着农业社会的乡土性特色，却又鲜明地表现出新的商业社会的特色。它是正统的上层文化、传统的民俗文化和还处于萌芽时期的市井文化的交汇融合又互相矛盾冲突的产物。

富有开拓性的药业经营，使一些诸葛村人比较早地接触了天津、上海、广州、香港等地的现代文明，所以，在20世纪初，村里就有人办现代小学，接纳女生，或办女学，如诸葛鸿（1878—？）于1904年便赴日本游学，回国后担任云和县教育局长、女校校长、商会会长等职务。诸葛棠（1886—1918），毕业于北京高等筹边学校，研读英文、藏文和蒙藏语言。诸葛銮（1879—1922）和诸葛鲁（1890—？）均毕业于日本法政大学，归国后长期从事司法工作。各方杂聚的商业，也打破了狭隘的土地束缚。因此，诸葛村人的精神状态比较开廓，少一点自闭。这很有利于他们近年的发展。

选址与格局

卜宅

1.可耕、可樵与可居

诸葛村位于兰溪、龙游、寿昌（今属建德）三县交界处，婺州、衢州、严州几条大路的交叉点，并有水路石岭溪至游埠入兰江，往东北通向杭州、苏州，往西北可上溯至徽州和景德镇。这个地理位置对诸葛村后来成为繁荣的商业中心是一个重要的条件。但是，元代中叶诸葛氏到这里定居的时候，大约考虑的还不是这些地理条件。

诸葛亮的十五世孙诸葛浰于五代后唐时到寿昌做县官，卸任后就住在常村，这是诸葛氏迁居浙江的开始。[①]浰公的儿子青公，在严、衢、婺三州广置田产九千余石[②]，并在三州交界处的岘山脚下定居。岘山在诸葛村西10里左右。青公生六个儿子，第三个儿子承载公迁居南塘水阁。这一支发祥最盛，子孙分布三州各处。到第二十四世万十三公再徙葛塘，家道丰裕。越四世，宁五公讳大狮、字威，率孙瑞二公、瑞三公来到现今的诸葛村所在地定居，时间大约是元代中叶。宁

① 诸葛浰之前谱牒不全。今谱载浰为诸葛亮十五世孙，恐前面有遗漏。

② 每石为2.5亩。

五公是诸葛村的始迁祖。

诸葛村的位置恰好在山地的边缘。它北面十余里有寿昌县（今建德市）境内的天池山、大慈岩，西面四里左右有岘山。这几座山之间是一群起伏连绵的小丘陵，在诸葛村这里留下最后一处比较复杂的地形。村子北界有虽然不高却很陡峭的高隆冈阻挡着，村子西界有稍远稍高的石阜岩、岘山和稍近稍低的老鼠山背。村子东面是一串南北走向的小土冈叫假猢狲山背和海龙山等。土冈东侧有一条发源于天池山的石岭溪，由北面曲曲折折向南而来，经数十里，到游埠镇注入兰江。石岭溪东是望不到头的大平原。村子的南缘有小小的经堂后山，山南一马平川直到兰江岸边。不仅四面皆山，村子里面也还有些丘冈起起伏伏，大致都是南北走向。其中最大的一条冈子叫桃源山，位于正中。

这片丘陵地气候温和，四季分明，雨量充沛，属亚热带湿润区。① 它东、南两面的平原有石岭溪灌溉，宜于农耕，尤其宜于水稻，至今是兰溪的主要产粮区之一。西、北两面的丘陵则满覆森林，可以采薪，可以伐材。故老传闻，当初诸葛村所在的一片丘陵也都长着林木，兴造房屋可以就地取材。本地又盛产可供建筑的紫砂石，石质虽然松脆，却易于加工。②从诸葛村东到兰溪，南到龙游，北到严州，都不足一天的脚程。兰溪和龙游在衢江岸边，严州在富春江岸边，都有舟楫可达杭州。诸葛村人很早就有外出贸易的传统。诸葛村东面去兰溪路上15里有永昌镇，西面去龙游路上12里有志棠镇，向北20里则有檀村，都是地方性的商业中心，居中的诸葛村因而有更好的经济发展的条件。尤其是它东侧的石岭溪在丰水季节可以行船到游埠入衢江，上水最后的码头新桥头距诸葛村南端只有1里左右，可供运输。1933年

① 年平均气温17.5°C，最高41°C，最低6°C。年平均无霜期265天。年平均降水量1365.2mm。年平均日照2010小时。全年主导风向为北北东。夏季东南风风频为6%，静风频率31%，易产生逆温，浊空气散发不畅。年平均台风10.7天。最大风速为每秒10.8米。

② 本地木材伐尽后，多从龙游、淳安采木。木、石均可由石岭溪运来至距村1里左右的新桥头。青石取自20里外的芝堰，更好的则来自新安江的茶园峡和白山后。

修建的兰溪去寿昌的公路，在村东的海龙山外侧通过。诸葛村的交通可谓四通八达。东南的永昌镇，明代万历年间编有《永昌赵氏宗谱》，它的序中写永昌镇的地理环境说：

> 前有耸峙，后有屏障，左趋右绕，四山回环，地无旷土。田连阡陌，坦坦平夷；泗泽交流，滔滔不绝。村成市镇，商贾往来……山可樵，水可渔，岩可登，泉可汲，寺可游，亭可观，田可耕，市可易，四时之景备也。

诸葛村的地理环境与永昌相似而更好。这“可樵”“可渔”“可耕”“可易”，应该也是宁五公诸葛大狮迁居到这里来的前提条件。

2.风水及其保护

但是，《高隆诸葛氏宗谱》非常乐于把宗族的兴旺归因于当地的风水。这是因为，在一个农业社会里，宗族的团结是宗族生存发展的重要条件，而要造成宗族成员的认同归属之感，必须也培养他们对土地的依赖和眷恋之感。这二者是互为表里的。培养人们对土地的感情，最有效的方法之一是依靠迷信，风水就是适合这种需要的一种自然崇拜，一种万灵论的拜物教。把风水与祖先的阴阳宅联系起来，自然崇拜与祖先崇拜结合，风水就成了团结宗族的有利因素。

1947年的宗谱里有一篇《宁五公迁居始末》，说宁五公：

> 克勤振起，好义乐施，且精堪舆术，深歉故居之隘，谓不足裕后。因亲相宅址，初得田塘之南，未慊。及步至高隆，始忻然曰，此庶足称吾居也。时其地荒僻，惟王氏舍其旁，地亦其所有，即捐重价求得之。垦平结构，携二孙瑞二公、瑞三公居焉。

后来两个孙子瑞二公与瑞三公分别遭罪远戍南北，客死异乡。瑞三公之子安一公为迎父柩卒于江西，“祸亦云惨矣，时目击者莫不指其地为大凶，王氏且避迁于今之王坞矣”。但瑞三公的儿子，除安一公外“确守先训，不以改图，至我安三公资产渐饶，原五、原七、原九三公[①]益致丰盈。嗣是礼让聿兴，英彦辈出……至今犹彬彬不替、枝蕃族盛者，良由我公迁居得地，笃信贻谋之所致也”。

这篇《始末记》把堪舆风水当作宁五公定居高隆的唯一原因，后世子孙，一直笃信不疑。康熙五十年（1711），进士诸葛琪为宗谱写了一篇《高隆族居图略》，详细叙述了诸葛村的风水。他说：

> 吾族居址所自肇，岘峰其近祖也。穿田过峡，起帽釜山，迤逦奔腾前去，阴则数世墓垗，阳则萧、前两宅也。从左肩脱卸，历万年坞殿，蛟龙既断而复起峙者，寺山也。从此落下，则为祖宅住居。旋折而东，钟石阜蒲塘之秀，层冈叠嶂，鹤膝蜂腰，蜿蜒飞舞而来，辟为高隆上宅阳基，其分左支而直前者下宅也。开阳于前，为明堂则菰塘畈敞；环绕于境，为襟带则石岭溪清也。夫且复夹诸峦，四望回合，以龙山桥堰为水口捍门，昔之人欲于此高建浮图，卜休恒吉，窃有志而未之逮也。生于斯，聚于斯，家庙庐舍恒于斯，惟我上宅始迁祖宁五公斩荆辟土，启我衣冠而永之，故绳绳蛰蛰，克有今日也。[②]

就是这位诸葛琪，为保护诸葛村的风水而忧心忡忡。在《高隆族居图》的后面，他又写了一段《杞言并尾图幅》，痛心疾首地批判一些“恃智力赀财”的不肖子孙，“各私其指”，恣意破坏风水。他斥道：

> 或高冈凿额，或白虎昂头，或挖掘来龙，或壅塞面目，或断

① 均为安三公之子。

② 菰塘畈在诸葛村南约一公里。上宅与下宅今已连成一片。龙山桥堰在诸葛村南约十公里，游埠溪的中点，自此而下，游埠溪常年通舟筏。

> 绝源水，或斩削爪牙。或利木石之需，则横行砍采；或便垣墉之用，则恣取泥沙。甚且鱼沼园扉、牛床秽厕，任意所向，绝无顾虑。近且如此，数十里之远龙无论矣！

诸葛琪警告："同此理气，同此峦头，于人有伤，于己岂独无损，此亦燕雀处堂象耳。"他因而呼吁："尤望将来君子，惩今善后，总于阴阳两宅，加意培补。"宗谱里的《诸葛氏家规》就订了一条："不得损坏阴阳两宅。"

二百三十四年之后，1945年，有一位诸葛氏子孙，"在村中设立油车，妨碍整个村庄来龙"，"祠任"和父老认为"事关全族休咎"，召开了隆重的全族会议，终于说服了这个人。"贴费拆卸……始告无事而遵先祖遗训也。"①这件事被写成由"合族裔孙同订"的《重申地方禁例附记》，载入了1947年的宗谱。召开全族会议来讨论有关村落风水的事，并且将结果载入宗谱，"永儆将来"。可见，即使到了科学昌明的20世纪中叶，诸葛氏对村子的风水还是十分认真的。同时也可以见到，这种宗法制度下产生的迷信，对于商业和手工业的发展起着多大的阻碍作用。

3.田园山水之乐

风水术是人类发展水平很低的时候产生的万灵论自然崇拜。自然地形、地貌和地物能决定生活在这地理环境里的人和他们的后代的吉凶祸福，这是迷信。但是，这种崇拜和迷信反映出对人和自然之间紧密关系的认识。当人们在对自然的斗争中取得某种程度的成就之后，也就是使自然达到某种程度的人化之后，从这种认识的更高层级中也会萌生出人对自然的审美关系。

中国的农耕时代社会长期实行中央集权下的官僚政治。除了皇帝

① 约计那油车所在位置是上塘的东南角，下塘的西南角。乡民把上、下塘称为一对龙目，在它们之间是不允许设置油车这类动静比较大的作坊的。

聚禄塘旁住宅（李玉祥 摄）

自己以外，所有的官吏都既不是终身的，也不是世袭的。人们通过科举的道路进入掌权者的行列，出身很参差。但年老了要退休，而且仕途凶险，这些官吏们又随时会被挤出这个行列。于是，中国的知识分子，一向就做好了“达则兼济天下，穷则独善其身”的可进可退的思想准备。所谓“耕读”的理想，包含着进、退两个方面，一方面是积极的猎取功名，另一方面是消极的隐逸闲适、终老林泉之下。即使功成名就的，过些年也大多要告老还乡，加入隐逸者的队伍。所以，知识分子要赋予隐逸生活以崇高的道德意义。

隐逸生活，在农业社会里，大多就是田园生活。崇尚隐逸，一定会在田园生活里发现美，同时，也一定会发现作为田园生活的大环境的自然山水的美，产生对自然的一种亲切感。作为上层主流文化的儒、道两家中，都有这种对田园、对山水的审美意识。乡土知识分子，在科举制度激励之下攻读经书，准备挤入仕途，同时也熏染了对田园美和山水美的感情。田园、山水，作为乡土文人的生活场所和大环境，里面蕴藏着他们充满了乡谊亲情的记忆，所以，乡土文人对田园美和山水美很敏感，而且总和理想的、充满了道德价值的生活美联系起来。例如，明代正德年间，诸葛村的诸葛西轩有相当高的文化修养，隐居不仕，以诗文自娱，且又擅长丹青。宗人诸葛渊赠他一首诗：

武侯云裔著芳声，结屋林间了此生。
流水一湾巢父志，清风半榻伯夷情。
香烧柏子烟初度，琴弄梅花月正明。
只恐蒲轮门外到，重重云影锁蓬瀛。

诸葛渊又有《灌园》诗描写他自己的生活意趣：

晴日窥三径，春风绕敝袍。
烟和常滃草，霞暖欲开桃。
适兴犹为圃，忘机不用槔。
甘寻燕雀侣，高隐在蓬蒿。

这种对田园、山水和耕读生活的热爱，是自然的，充满了生活情趣，是人文美和自然美的和谐的结合，浸透从传统文化中吸收来的对恬淡隐退的耕读生活的崇尚。村里的文人们常常以发现、命名、修整建设“八景”“十景”为乐事，并以它们命题，吟诗赋词，寄托情怀。他们这种心绪，和千余年来中国文士们经营自然风致式园林艺术的襟怀是同一源流的，文化意义完全一致。经过人化的、以“八景”“十景”为名的乡村自然景观，正是中国文士园林的原型、母本。

村落结构组成

1.布局

诸葛村坐落在几条低矮的冈阜上，它们大体自西北走向东南。为了不占农田、水塘，也为了保存风水上的“明堂”，房屋多数造在山坡上，因此，村子的主要脉络是顺着冈阜延伸的。从大公堂背后下来，过大公堂左前方，绕经丞相祠堂背后，逶迤直到北漏塘西北侧的一条丘冈，大体上把村子界分成东北、西南两大部分，各有一条大道沿它们的东侧山脚进村。西南部的一条，本是从兰溪去龙游的驿路的一段，旧名高隆市，今名旧市路，向西北出村。东部的一条，从北漏塘东北斜到丞相祠堂前聚禄塘的东岸，经弘毅塘（红泥塘）、下塘东北和上塘北岸，再由马头颈拐而向北，在药店塘前出村，也可以径直从药店塘向北过崎岖的高隆冈出村，这条路通寿昌、建德，再远到严州。[①]在这两条大路之间，有乱麻一般的小街小巷，既不平又不直，高低曲折，窄的不到1.5米，宽的有3—4米。还有一条老路，是紧贴丞相祠堂门前进村，沿下塘西南岸到上塘西南角经天宝塘出村。这条路避开了高隆冈，比较好走，但要多绕一点路，在高隆冈开通后就很少有人走了。连接高隆市和上塘的是十分曲折的义泰巷。

住宅和祠堂大多位于循等高线而走的道路的两侧。在上位一侧的，面对着道路，在下位一侧的，背对着道路而面向小巷，所以建筑朝向以西、西南、东、东北为多。这样的朝向，房屋轴线垂直于等高线，是为了保持房屋前低后高，“坐满朝空”，以符合风水要求的“步步高”。在房屋的侧面因而产生了一些与等高线垂直的小巷子，它们的两侧都有住宅的大门，开在住宅的厢房里。有些小巷子很陡峭，砌着许多石阶。

① 20世纪30年代村东建成公路后，凿通了高隆冈，20世纪80年代末，高隆冈挖平可进汽车，如今已成商业街。

总祠丞相祠堂居村子的东南角，这里是全村的小水口。它面向东北，背倚桃源山，合乎风水惯例。大公堂居全村中心，前对桃源山，背靠叫大柏树下的小土山（天一堂花园），朝向东南，也合乎风水惯例。大公堂与丞相祠堂间有直巷东西相通。

住宅区主要有三大片，分别为孟、仲、季三大“分”的聚居团块，各以自己的分祠为中心。一片在钟塘四周及它的东侧，也就是大公堂到丞相祠堂之间。这一片地形平坦，街巷整齐，位置显要，是诸葛村最早建设的部分。丞相祠堂的门联写着：“宅近发祥地；门临聚禄塘。”上联明说这一片是高隆诸葛氏的“发祥之地”。这一片住宅，从总体上说，质量比较好，形制比较高级，细部也比较精致，而且比较古老的也多。这里主要住的是孟分一房，以分祠崇信堂为中心。另一片在雍睦路和下塘路。这一片呈带状，循药店塘、上塘、下塘的东方和东北方的等高线发展。这里住的主要是仲分，以分祠雍睦堂为中心。雍睦路西段和中段比较高，用水不很方便，不过它的东南段是下塘边宽大的平坦地，很难得。第三片在旧高隆市的北侧，背靠坡面向西的山冈，也呈带状，北段的平地比较大，一直接连到滋树堂、春晖堂一带。这里住民以季分为主，以分祠尚礼堂为中心。一个村子，以几个大房派集中居住地划分为若干块，每块里水塘为中心，这是通行的村落结构布局。其他的住宅区，或者范围比较小，或者比较零散，不过数量还是很多。

1947年《高隆诸葛氏宗谱》里有一张《高隆族居图》，它前面的“图略”和它后面的“尾幅”都是诸葛琪在康熙五十年（1711）写的。但是，图里既有太平军烧毁的高隆市，也有晚清才易名的“绍基堂”，很可能，现存的图是后人修谱的时候在康熙原图上增补而成的。从这张图上看，并参照现状，可以知道当时诸葛村有一个全村性的中心，就是大公堂。它的东偏南是总祠丞相祠堂。从性质上说，它们都是礼制中心。大公堂位于风水的正穴上，即村子的几何中心。丞相祠堂在小水口，是从东侧大路进村的第一座建筑，前面有一口聚禄塘。村口有水塘，塘后建大宗祠，是这一带许多村落布局的一个常用模式。

北漏塘东南角是中水口，有一座关帝庙和一座贞节牌坊。它们都坐东面西，并肩而立。乡人阐释说，关帝庙像锁，贞节牌坊像钥匙。庙和牌坊关锁住了水口，利于“藏风聚气”。关锁水口是形势宗风水术的一个基本要求。所以，传朱熹著的《雪心赋》说：“坛庙必居水口，罗星忌见当堂。”何聪明注：“大约神坛佛庙，宜居水口镇塞地户，以关锁内气为妙也。”关帝庙和贞节牌坊就是用来塞地户、锁内气的。

后来在关帝庙的北侧又造了一座穿心亭，供人们休息。按照习俗，亭里免费供应茶水和草鞋。夏季还有解暑的草药。夜间点灯方便赶路的人们。经诸葛村往来于寿昌和游埠的过客，从南边村落到诸葛村西长乐村挑石灰改良农田的脚夫，以及诸葛村到大田劳作的农民，大都要在这个凉亭里解乏饮水。后来，依托新桥头村的石岭溪水运，凉亭前形成了很大的竹木市场，凉亭就更加重要了。

村子有两座较大的庙宇，一座叫隆丰禅院（俗称高隆殿），另一座叫徐偃王庙（俗称杨塘殿），都在村落西侧百余米之外的山脚下，一北一南。风水术要求寺庙坛观离开住宅至少一百步，这个布局正好满足要求。隆丰禅院有僧人静修，也有地方上读书人借住在里面潜心攻习，处在村外比较冷僻的位置当然比较恰当。隆丰禅院和徐偃王庙每年都有连续几天的盛大庙会，附近不少村子都有村民队伍来巡行进香，人多路窄，难免拥挤，容易因为道路壅塞而发生冲突，所以，庙宇的位置也以在村外为宜。

由北面天池山下来的石岭溪在村东“假猢狲山背”以外将近1里，村子地势高，流水进不来，地面没有活水。居民的生活用水全部依靠人工开挖的池塘和井。池塘积蓄雨水，井就凿在池塘边，井水其实就是经土壤过滤的池塘水，比较清洁一点，专供饮用和淘米洗菜。洗涤则用塘水，塘边都有专供洗涤的石埠。洗涤衣物甚至粪桶都不分隔。过去，在还没有化学肥料的时候，由宗祠出面调协，每年年初在元宵节之前挖一次塘泥，用作有机肥料。[1]因此，池塘不致淤塞，塘水还不致过分腐臭。

池塘和井随居住区的发展而均匀分布在全村的低洼处和山谷盆地，它们大多和分祠、私己厅等一起处在住宅小区的中心。除了生活必需之外，塘水还用于救灭火灾，也可以调节小气候。早年，它们的岸边都有芙蓉花和芦苇等大面积植被，是重要的自然景观，池塘在村子里兼起园林的作用。现在还有大小水塘二十几口，它们是：上塘、下塘、弘毅（洪义）塘、聚禄塘、北漏塘、钟塘、上方塘、积庆塘（西坞塘）、墙围塘、药店塘、场塘、新塘、花园塘、天宝塘、樟坞塘、祝家坞塘、王坞塘、圆塘，以上合称“十八塘”。此外还有上峰庵塘、九斗塘、绍基塘、茭笋塘、牛轭塘和一些专为灌溉农作物的田畈塘。

诸葛村每到夏季都会苦于干旱，所以灌溉农作物是水塘的一个重大的功用；尤其是北漏塘、积庆塘、弘毅（洪义）塘等位于“明堂”中的几口，它们的面积因而都很大。宗祠规定，每到旱季，戽水救田的时候，只有丞相祠堂前聚禄塘的水不许戽出，以表示对祖先的尊崇和保证居民生活的必需。由于人口众多，村中的生活用水塘也有比较大的，如下塘和上方塘大约0.3公顷，上塘大约0.28公顷，钟塘和聚禄塘大约0.24公顷。面积大，调节小气候的效果和园林化的作用也大一些。

诸葛村的水塘，是诸葛村存在的前提条件。这些水塘，星罗棋布于丘陵之间，同样有关于风水。黄妙应《博山篇·论砂》中说：“砂关水，水关砂，抱穴之砂关元辰水，龙虎之砂关怀中水，近案之砂关中堂水，外朝之砂关外龙水。圈圈环抱，脚牙交插，砂之贵者，水之善者。”《阳宅会心集》说：“塘之蓄水，足以荫地脉，养真气。”

诸葛村的房屋分布在丘陵地的山坡上，由于地势，村落的建筑分成几片，隔着上塘、下塘、弘毅（洪义）塘、钟塘、上方塘、西坞塘这

---

① 土地改革之前，塘归宗祠或私人所有。挖塘泥用竹筏，筏上铺块木板，上面置大木桶以盛泥。挖来的塘泥摊在塘边晾干。然后储存待作肥料用。现在池塘无人管理，也不再挖，水质极差。近年来诸葛村引水、排水工程都有大进展，水质有好转。

样宽阔的大片开放空间，而不是连成一整片。山脊、谷底、过于陡峭的山坡和地貌破碎的场所，大多没有房屋。村子里有空地和绿地，整个说来，建筑密度不很高，比平地上的村落疏松。加以有些祠堂和住宅附有小型的园林，所以除池塘之外，村落里还处处有自然的因素，村落与自然环境的联系和渗透很紧密。

至迟在清代初叶，西南方过境路边的高隆市上已经店铺比肩，成了商业街道。太平天国之乱，李世贤部在诸葛村驻扎了两年，撤退时还放了一场火，烧掉了高隆市两侧以及村里大量房屋，包括东北部的雍睦堂前面和大公堂西南的一些大型住宅。乱事平定之后，因为外避的原住户大多不再回村，地权问题不好解决，高隆市没有恢复，却把早已有零星店肆的上塘周围和义泰巷发展成了商业区。这个商业区向毗邻的街巷辐射，尤其是上塘北面的“马头颈”和西南面的天宝塘沿岸。外来的商人和手工业者，在上塘附近造了些住宅，以小型的为多。从此，诸葛村大致形成了两部分，一部分是商业区，称为“街上”，偏在北部。传统的老住宅区则称为“村上”。商业中心上塘渐渐夺去了礼制中心大公堂和丞相祠堂在村落布局上的重要性。

2.结构

诸葛村的结构方式，主要是团块式的。大体上说，是一个房派的成员的住宅簇拥在这个房派宗祠的周围，这些团块再组成村落的主要部分。正如风水典籍《宅谱指要》所说：祠基地“自古立于大宗子之处。族人阳宇四面围住，以便男女共祀其先”。这种结构原则，体现了血缘村落的宗法组织关系。

诸葛村诸葛氏从安三公的三个儿子原五公彦祥、原七公彦襄、原九公彦贤起分为孟、仲、季三分。孟分大多聚居在大公堂和丞相祠堂附近，以崇信堂为中心；仲分大多聚居在村子的东北部，“假猢狲山背”的西南坡，以雍睦堂为中心；季分则大多聚居在村子的西南部，高隆市和“老鼠山背”的西坡一带，中心是尚礼堂。彦祥、彦襄和彦贤三位都生于明初洪武年间，因而大致可以推断，诸葛村的三大片结构，在明代上半叶或者中叶就已经形成了。虽然以后渐渐人口增加，有互相插花的情况，但大关系没有变化。

孟分是大房、是宗子，所以聚居在大公堂与丞相祠堂之间这块高隆诸葛氏的“发祥地”上，以崇信堂为本分中心。仲分里文化高的人比较多，绅士们有身份，说话管用，他们聚居的雍睦堂前后，是全村的最高处，顶点叫“天门”。这个地区的东面和北面是山冈，西面和南面的几个路口都设门，晚间封闭，有人守更。季分的人善于经商，在外开药材店的很多，他们居住在尚礼堂四周，与高隆市的商业或许有互相的影响。村子的结构与宗族的结构有相当程度的契合。三部分建筑的质量也大体反映了三房各自的经济文化情况。

孟、仲、季三分，往下又分成几级房派，多数房派有自己的小宗祠，称为“大厅”和“小厅”，总称“众厅”。[①]一般说来，各房派成员的住宅大多造在本派的厅的附近，形成以厅为核心的团块。这种结构方式在浙西相当普遍，但诸葛村的突出特点是，有些团块的核心是经过规划的。例如，崇行堂、尚礼堂、滋树堂等几座“堂”，和文与堂、日新堂、春晖堂等几座“厅”，在兴建的时候，左右两侧就有整齐的巷道，巷子外侧有统建的成排的住宅。

另一种团块以“祖屋”为核心。一对夫妻的家庭，有了男孩，有的仅仅因为有了钱，就在旧宅旁边再建新宅，或者买进邻居的住宅。这样几代下去，就形成以“祖屋”为核心的团块。这种团块是以小宗祠为核心的团块之内的又次级团块，往往比较小，而且由于族群形成比较晚和地权买卖的困难，组织比较松散。日新堂、春晖堂和文与堂本来是祖屋，后来改为私己厅，又升级为“众厅”，它们先以祖屋为团块的核心，后来则建小宗祠（众厅）为团块的核心。

这些团块又簇拥在房派宗祠周围。再进一步形成了崇信堂、雍睦堂

---

① 惯例：三代为厅（私己厅），五代为堂，三代以下为“香火堂”。但通常称呼并不严格区分，有点乱。

和尚礼堂为核心的孟、仲、季三分的住宅区。民间的说法是："十家八家同一聚，同出同门同一处。"在一般村落，大宗祠位于村口，并不在村子中心。这种村落结构模式反映的是宗法制的社会结构，它们二者之间的同构关系十分清楚，而且，它有多层级的封闭性。因此，在宗法制时期，在自然经济条件下，它是血缘村落很普遍的结构模式。诸葛村的丞相祠堂仍在村口，但全村以大公堂为中心。

年淹日久，这种结构会因为人口的增减而发生变化，变得模糊起来。不过诸葛村的大部分，至今仍然清晰地保持着这种层级式的团块结构。宗祠、众厅和祖屋成了这种层次性结构核心的因素，它们的位置就分布得比较均匀，有相当的间隔，周围比较宽敞，大多在冈阜的坡脚。既然一个团块基本上属一个房派，在这个范围里，就会由宗祠主持一些公益性的建设，如道路、台阶、水沟、界门、井、塘等，也会主持一些管理，如调整房基、挖池塘污泥、巡夜打更等。宗族房派通过这样的建设成为诸葛村这类血缘村落的规划者和管理者。

全村除了诸葛氏的四十余座宗祠之外，还有邵姓宗祠两座。

反映宗法制和自然经济的村落结构，与商业的发展不能相容。商业的发展必然要突破它封闭的层级性。诸葛村最早的商业区高隆市，原本是一条过境驿道。它在村子的西南边缘擦过，走向龙游县而去，做的是南来北往过境人的生意，又是四乡八村的贸易中心。从结构上看，它划破了一个完整的团块单元，改变了村子西部的结构模式。太平天国战乱，高隆市被毁，战后，商业中心移到上塘，它向邻接的街巷辐射发散开去，而且渐渐以外来商户为主要居民，他们姓氏杂多，流动性比较强，根本不建也不可能建祖屋、宗祠。因此，这一片地方就不再有团块性的结构。新的经济关系要有新的聚落结构来适应，旧的血缘式聚落结构必然要被破坏，这是村落发展的一个很有意义的现象。

3.村落景观

诸葛村的景观非常丰富。村子的范围广阔，在这范围里又有几道丘陵和谷地。丘陵上荫翳着林木，谷地里闪烁着池水。村子坐落在它们之间，被山脊、陡坡和池水分割成断断续续的几块，加上片片竹树掩映，村子的景观变化之多，变化幅度之大，在浙西、赣北、皖南一带都是极少见的。

诸葛村建筑的绝大部分是住宅。住宅的形制是内向的小天井式的，四堵外墙完全封闭，只有一座门，偶尔有几个狭小的窗洞。这种住宅，在浙西、赣北、皖南的村落里，只要地形允许，都连绵成片，一幢幢紧靠着的住宅被掩藏在长长的高墙后面，失去了独立的形象，更谈不上个性。这些高墙夹出一条一条阴暗狭窄的巷子，整个住宅区仿佛是由这些巷子组成的，人们看不见个别的房屋，只有参参差差、高低错落的马头墙给村子以活泼泼的生气。这是浙西、皖南和赣北许多村落的典型景象。

诸葛村的一部分街巷也是这种面貌，但是，就总体看，诸葛村却远不是如此沉闷、封闭而逼促。诸葛村因为被自然地形切割成几块，每块住宅区都不是很大，少有别处常见的迷阵一般的小巷网。巷子不长而曲折，走不远就到了陡岩、岭脊或者水塘边，景色立刻大变。又因为诸葛村住宅区大多在山坡上，巷子曲曲折折，上上下下，房屋大都不能同一个朝向，同一个高度，而且不得不多隙地，所以也造成景色许多活泼的变化。诸葛村有很大一部分的景观是由池塘、塘边的房屋和芦苇、水蓼花构成的，阳光、微风、细雨和姑娘们的洗涤场景都会造出各种风格的图画。

大致说来，诸葛村街巷景观有几个主要的代表区。一是东北部的樟坞路和雍睦路一带；二是上塘、下塘和弘毅（洪义）塘的两岸；三是雍睦堂、祝家路至竹花坞一带，上方塘附近可以归入这一类；四是钟塘四周；五是从钟塘到丞相祠堂的白酒坊一路；六是上塘以南的一段义泰巷和其他一些坡度很陡、有大量台阶的小巷。其他如天宝塘路、马头颈以北和新道路等处，因为发展较迟，零零散散，没有形成模式。

雍睦路一带是典型的浙西、赣北、皖南的村落风光。它的西北端是樟坞路，从药店塘边进了樟坞路口不远，就向右拐，拐角处左侧有一座小小的墙门，隔出几家住宅门前的一小块空地，空间通透。墙门上有半圆山墙，装饰着三顶“督军帽”。山墙正中还画着一座自鸣钟。从这里向东南走，路的大部分在坡脚沿等高线曲折，两侧都有住宅，高高的白粉墙。因为住宅必须形成前低后高的“步步高”的格局，所以，轴线与等高线垂直，也就与路垂直，于是，路的上手位（大致为东侧）是住宅的正门，下手位（大致为西侧）是住宅的后墙。上手位有一些支巷，陡峭的台阶直上山坡，它们的两侧都有住宅的正门，开在住宅的厢房。因为住宅必须朝向大路，而且前后紧接着连成串，所以后面的住宅只好在厢房开门。既然住宅个体消失在连续的粉墙后面，它们不得不突出大门，大多做披檐木门头，有雕饰精美的牛腿和月梁，少数做磨砖雕花的苏式门头。这些正门不但标志了各家各户，而且大大美化了街巷。

道路有曲有折，房屋的朝向因路的曲折而不断变换角度，从街上望去，它们的马头墙和门头就不断变换构图，使景色生动起来。樟坞路东南端连接雍睦路，接头处是一个交叉路口，下手位是宽阔开敞的十几步台阶，通到上塘商业街。在宁静而封闭的道路上走，突然望见商业街宽阔的上塘，塘岸的小吃摊和茶馆，熙来攘往的人群，喧喧闹闹，很富有生趣。沿雍睦路再向东南走，上手位有一条支巷攀向“天门”，全村的最高点，给全村以多变的轮廓。再往东北一拐。右手是高高的微微呈弧形的粉墙，左手突出一块高约2米的紫砂岩墙基，上面是一座小花园的粉墙，墙头探出几棵郁郁勃勃的石榴树。园墙上迎面开一个漏窗，窗洞里垂下碧绿的金银花藤。左侧有一道台阶沿墙基通向小花园的正门，披檐门头精雕细刻。顺门前小巷向上可以望到“天门”最高处住宅轮廓跌宕的侧墙。再沿雍睦路向前走几步，是一方不大的空地，它尽头有一处台阶，台阶之上立着一道墙门，宽宽的券门，门头半圆形的山墙，形式很俏丽。透过门洞，远处的山冈和左侧雕饰华丽的雍睦堂构成很美的一幅图画。

在墙门台阶前向右穿过短短一段窄巷，进入一个在村里极少见的方方正正的空场。空场北面是一个小支派的分祠日新堂，磨砖墙门、铁皮泡钉门扇。空场的东侧有一棵茂盛的柚子树，累累的果实挂满枝头。树下高高的台阶通向一幢叫作承启堂的住宅的后门。雍睦路从空场南侧出去，直走，路东有一条支巷，巷口台阶上搭着披檐，挡着轻快的双扇门。支巷有3米宽，很整齐，北侧是承启堂的前进。天天都有几位老太太在巷子里做家务聊闲天。再向南，雍睦路就接通了下塘路，路口有一排敞廊，纤细的木柱架着几间挑楼。廊尽处是又一个支派的分祠崇行堂。

从雍睦堂到祝家路、竹花坞，又是完全不同的景色。雍睦堂前原有的几座大住宅已经在太平天国占领时毁掉，成为大片空地。过了空地，略略上坡便是裸露着紫色基岩的岭脊。这里眼界开阔，向西南望到大半个村落，炊烟袅袅，都在脚下。东南侧是叫作“假猢狲山背”的丘冈。从雍睦堂往前，要下几米高的陡陡的台阶，台阶被覆盖在青翠的竹林下。顺台阶有一堵赭色的夯土墙，分几级随台阶下落，土墙上长满了生气勃勃的薜荔，四季浓绿，很有风致。下了台阶，迎面便是一座小巧的过街门，过门就到了祝家路，路在一座分祠明德堂残基门前穿过。祠堂在左首，步步沿山坡升高，右手边是它的池塘祝家坞塘。池塘四周全是树木和农地，只有两幢住宅把白墙的影子投进它的怀抱，漂在碧绿的水面上。池北岸还有一所花园的残址，长满细竹，围着白墙。顺池岸向右拐几步，再向左一拐，眼前是一条笔直的巷子，就是竹花坞。它只有30来米长。左侧是几幢精致的住宅，粉墙上镶着苏式门脸，磨砖雕花，非常雅洁。大门上聊作遮掩之用而更重在作装饰的一双花格门扇，十分玲珑精巧。它们的对面，路右侧是一溜不高的金黄色夯土墙，爬满了厚厚的一层薜荔。墙后的大片竹林，俯身笼罩住小巷，绿色的阳光射来，把小巷映得一片青翠。竹林下有水池，池边的石桌、石凳已经残败，但还体味得出当年清雅的情趣。向前走，经过两次曲折，依然是一样的竹林和村舍，不过巷子右侧没有矮墙，而是在1米多高的坎上升起一个土坡，竹林就漫布在土坡上，夹杂些柚子树。而村舍的大门则换成了木构的，还有轻巧的翼角。绕过土坡，巷子两侧都有了高粉墙，不远的街角上是一座小园子，矮矮的园墙上有漏窗，墙头长出一棵石榴树，据说是元代的遗物，有七百多年历史了。石榴树前，一溜台阶下坡，就到了下塘路。

下塘路是单面街，从村中心向东南方向走，出村，沿北漏塘到小水口，再往前就通兰溪城或游埠镇了。下塘路面对宽阔的下塘和弘毅（洪义）塘，隔塘对岸相距大约70米，是另一条半边街，两条街面面相对。这里景色很空阔。互相望对岸一列参差的房屋，青瓦粉墙，点缀着苏砖的和木构的门头，倒影清晰地映在水面上，上午下午，轮流反照出耀眼的阳光。下塘路上，视野旷远，在它的东南段，顺街向村中遥望，全村最高的“天门”上的住宅，矗立在重重叠叠多少层白墙之上，宛如琼楼玉宇，景观非常动人。

与下塘路的景观形成鲜明对照的，是村中许多狭窄的小巷，它们大都曲折，有陡峭的台阶，很封闭。从上塘南侧有一条小巷向南伸展，这是义泰巷，它逐渐升高，巷两侧满是住宅，夹着一个药店、两个轿行和篾竹铺，还有些零星店铺，随着巷子的曲折和升高，住宅进退欹侧，展现出各种姿态，使巷子里的景观很快地变化着。由于地形的关系，沿巷子不断出现一些小小的空地，形状很不规则，大多有一两家住宅向这空地开门，门前有台阶和披檐门头，构成很美的画面。小巷到了丘冈的最高点，房屋稀落，有一个大约三角形的比较大的空地。左转，钻进很狭窄的小巷，转弯抹角随台阶下去，就来到大公堂。大公堂前一大片水面，这就是钟塘，景观开阔，塘里装满了四周房屋的倒影。西岸一座祠堂是大房孟分的崇信堂。向南过一个红石高坡，一转弯便是芦苇和木芙蓉镶边的风光旖旎的上方塘，再下去是已经残破的高隆市（现名旧市路）。高隆市主要段落现在的面貌近似下塘路，它面对着广阔的积庆塘，也是半边街。隔塘是从高隆殿迤逦来到徐偃王庙的一带青葱的山冈。

大公堂前面的钟塘四周伸展出8个小巷口，特点各各不同，有的通小巷，有的不过一个口子而已。东面的一条巷子叫白酒坊，很平直，100来米长，两侧有几个木披檐的门罩，还有几个苏式磨砖门头。出了它的东口，向南拐，不远就是丞相祠堂的侧门。门前一块形状很不规则的空地，边缘上除了丞相祠堂的侧门外，还有一个住宅的门、一个园子的门。住宅门的左边立着很高的一堵粉墙，它旁边长着稀稀疏疏几竿竹子，迎风轻摆，婀娜动人。园子里有几株柏树，一团团墨绿色的树冠，苍劲古拙，与丞相祠堂的大墙相映成趣。

造成诸葛村景观大开大合地变化的因素，主要是冈阜和池塘。冈阜两坡陡峭，房屋逐层升高，一幢幢轮廓清晰地展现出来，望过去村落的立体感很强。大公堂后“大柏树下”有天一堂后花园，从园中远望，脚下有上塘和下塘，对面有樟坞路和雍睦路层层叠叠的建筑群，天门遥遥相对，这一幅村景，又清秀又雄浑。池塘的景观有几种。一种以钟塘、上塘和天宝塘为代表，四周都是房屋，形成一个封闭的户外空间。钟塘和上塘面积恰到好处，景观很紧凑而毫无逼仄之感。天宝塘太小，就觉得局促了。一种以下塘和弘毅（洪义）塘为代表，它们沿路展开，水面空阔，仅两岸有不高的房屋，空间很宽畅。这两种池塘，绿化少，缺乏色彩，但有浣衣女给它们镶上鲜艳的花边。还有一种，如上方塘、积庆塘和樟坞塘，风光自然。池塘里徘徊着天光云影，池塘边长着茂密的芦苇，利剑一样的叶片在微风中摇曳，一到秋天，芦花雪白，茸茸的，柔和又温暖。芦苇丛中探出几棵木芙蓉，花儿繁密，一朵接一朵，成团成簇，从初夏直到初冬，开得热热闹闹，粉的、红的，娇艳得像村姑们的笑靥，村姑们就在花下石板上浣洗，鲜美的衣衫把塘水映得五颜六色，随一圈圈的波纹荡漾开去，闪闪烁烁，耀亮着光斑。从曲折而狭隘的小巷里，转一个弯，眼前突然展现出池塘空阔而明朗的场景，欢声笑语，隐隐可闻，人们心里立刻升起了生活的愉悦。

文化素养很高的诸葛村民们，常常在宅前宅后利用空地，建设小小的园林，长着茂盛的竹木，生趣盎然。这些园林因素把自然渗透到村落里，使住宅区在一定程度上田园化了。它们把中国文化里传统的对自然美和田园美的热爱传承下来，村落的景观因此不但富于生机，而且富有深厚的人文气息。

在诸葛村景观里起重要作用的因素，还有一个是各级宗祠。1947年的《诸葛氏宗谱》里，有一幅《高隆族居图》画着大小四十五座各级宗祠。有些宗祠正面是牌楼式的，如崇行堂（“乡会两魁”）、大经堂、三荣堂（“龙头厅”）；有些正面是苏式雕砖的，如滋树堂、春晖堂、雍睦堂、文与堂、友于堂；有些是木构的门屋，如崇信堂、尚礼堂和最华丽的大公堂、最庄严的丞相祠堂。它们的多样化，是村子景观多样化的原因之一。从《族居图》看，十四座祠堂有功名桅杆，一对或者两对，更加堂皇而有装饰性。这些祠堂大多占据村落中的重要位置，或者在村口，或者在中央，或者在大路边，大多是或大或小的一个住宅团块的核心。它们通常与门前的水塘或小广场结合在一起，正是空间发生急剧变化的地方，视野也比较宽阔。因此，它们对景观的影响不但很强，而且影响范围大，例如，雍睦堂、尚礼堂、大经堂等。大公堂是整个钟塘周围的构图重心，丞相祠堂则位于村口，从中水口沿大路过来的人，很远就能看到它起伏跳动，顺山坡直下水塘。

中水口的关帝庙、贞节牌坊和穿心亭[①]一组建筑物已经在“文化大革命”中彻底失去了，但从水口进村所见的景观，大概还与古时相差不远。沿北漏塘前进，只见左右的冈阜（龙虎砂）对峙着向前奔腾而去，逶迤起伏，到了远处，在它们之间的坳谷里，栖息着一簇白墙，这就是诸葛村狭窄的正面。再走近一点，丞相祠堂的轮廓呈现出来，占了这个正面的一大半。村子的背后，是天边排衙列戟般的青黛色峰峦，正中最高的是庄严的天池山，诸葛村的远祖山。这幅画面紧凑而且完整，层次很丰富，村落好像一位少女，“犹抱琵琶半遮面”，生活在宁静纯洁的氛围中。

① 贞节牌坊和穿心亭已于2006年基本用原构件复建。不过它们分别来自三座老牌坊。

这座氤氲着祥和气息的诸葛村，因商业的发达改变了它的景观。咸丰年间，高隆市是繁荣的商业街，那时候，大约绝大部分的商店仍然袭用内向型住宅的形制，或者不过是把住宅当店铺而已。[①]但是，太平军破坏了高隆市之后新兴的上塘商业区，则大多是外向型的商店，前店后坊或者甚至店坊合一。店面敞开，临街做买卖。茶馆饭铺，桌椅板凳一直摆到街上，熙熙而来，攘攘而往，“街上”一派热闹景象。这景象是任何纯农业聚落里从来没有过的。还处在萌芽时期的商业和手工业，就已经大大改变了古老诸葛村的景观和气息，而且形成了它的又一个中心部分，它的最开放的部分，人们最常到的部分。新兴的社会因素，必然要破坏农业村落几千年来和谐的、充满了乡土情谊的、引起人们无限温情无限眷恋的古老面貌，形成了新的陌生的面貌。人们为它轻轻地叹息，然而，“逝者如斯”乎？

4.高隆八景

在人文发达的南方乡下，许多村子都有“八景”或者“十景”。诸葛村至迟从明代起就有“八景”。1947年《高隆诸葛氏宗谱》里有《高隆八景图》，还记录了一批写于明代正德年间的八景诗，大多出自地方文士的手笔。这些图和诗表现出诸葛氏对村落大环境的热爱，也表现出乡人在其中活动的令人陶醉的审美价值。

这高隆“八景”是：“南阳书舍”“西坂农耕”“双井灵泉”“清溪夜碓”“菰塘霁月”“石岭祥云”“岘山夕照”和“翠岫晓钟”。[②]

南阳书舍成为“八景”之首，除了表示族人重视读书之外，当然是因为纪念先祖诸葛亮隐居隆中的故事。有王以璋诗把诸葛亮的隐居和当前的读书联系起来：

① 在原高隆市遗址上的今旧市路上，有一些老商店仍然设在住宅里。

② 《八景图》上把西坂画在石阜岩西麓。那里有诸葛氏先祖坟茔和两个早期的诸葛氏村落，前宅和萧宅，故有可能西坂在彼处。

忆昔南阳有卧龙，于今遗迹许谁同。
春风绛帐频施教，夜雨青灯好课功。
坛杏飞红铺砌畔，泮芹分翠入轩中。
朝经暮史伊吾盛，习习文风播浙东。

同时，书舍本身也有美化大环境景观的作用。例如，有诗句说它：

修竹清风近，开窗明月赊。（大理寺评事汪鲁泉）
助成竹院清阴满，拟作茅店秀气钟。（史科给事周京）
云馆春深花作锦，玉楼秋好桂飞香。（户部郎中王道广）

可见南阳书舍是一处修篁成荫、花木扶疏的园林式建筑。

王以璋又有“西坂农耕”诗：

平坂日暖趁牛眠，草满西郊水满田；
荷笠锄翻三月雨，披蓑犁破一春烟。
农耕东作方兴日，稼熟西成大有年；
击壤歌谣逢治世，含哺鼓腹乐尧天。

西坂当是石阜岩东麓与村落之间的一块农田。从陆凤仪西坂诗里“桑竹影森森”一句来看，这里在明代还是绿化被覆得很好的。

“双井灵泉”这个景点证明，至迟在明代正德年间，诸葛村的药材业就很有地位。有诗句说：

玉井云根閟，丹砂石罅生。（汪鲁泉）
澄彻清源两鉴开，寿人真脉白天来。
甘芳若有砂精涌，寒冽疑为橘液胎。（章懋）

双井的景色是很迷人的。也有诗句说：

鹤度平分影，月来各向明。（汪鲁泉）
金斡含茎凝晓露，银床落叶破秋苔。（章懋）

诸葛村东侧的石岭溪，与村子隔着一道20来米高的小冈，俗名叫“假猢狲山背”。溪宽大约10米，水流湍急，过去曾有上下两座水碓，是主要的粮食加工设施。[①]每逢夜深人静，远远听到缓慢沉重的碓声，破窗而来，绕灯不去，人们也会感到一种平和悠长的兴味。王道广有“清溪夜碓”诗：

清泉一曲抱溪流，晚碓沿溪响未休；
水势东来轮泼泼，月明西下杵悠悠。
烟笼石臼人声静，风捣沙涯夜色稠；
一饭不劳炊已足，野怀真兴更何求。

夜色已阑，乡人从水碓劳作归来，深巷犬惊，也很富有诗意。汪鲁泉有句：

声催清梦醒，香逐主人归。
傍岸邻家犬，当户吠竹扉。

“菰塘霁月”大约在现在的菰塘坂村，在诸葛村南1里余。塘边芦苇成丛，芙蓉花千朵万朵，压满枝头。乡中文士们月明之夜在塘边清兴雅集，享受自然，微醺而吟诗，村人诸葛文郁有“菰塘霁月”诗：

① 现在南阳书舍、翠峰寺、水碓都已经没有了。菰塘和双井也难以确认。诸葛村南数里有小村叫菰塘坂。

月浸菰塘水渺漫，无边清兴动人看；
色涵净浪冰轮洁，影落平流玉镜团。
午夜清阴拖地冷，一壶清气逼人寒；
嫦娥自是多情物，故放余光伴夜阑。

汪鲁泉有诗道：

眼底浑生白，樽中暗贮香；
坐怀今夜好，露下不胜凉。

石岭就是村西的石阜岩，山头悬崖壁立，是当地名胜。本村文士诸葛文雍作“石岭祥云”诗：

层积莲峰上，霏微瑞气扬；
纷纷初散绮，郁郁渐成篇。
抱石千重合，翻风五色扬；
晨昏看变化，凤翥共鸾翔。

诸葛村之西北有岘山，就风水说，是村子的近祖山。山形整齐，像个圆锥，“岘山夕照”在附近很大的区域里都能见到。过去山头有佛寺。诸葛文雍有诗描写它：

数朵芙蓉紫翠连，无边清景夕阳天；
余晖掩映云屏外，倒影斜明锦树巅。
负担归樵寻旧径，认巢飞鸟入轻烟；
须臾皓月生沧海，人在楼东拂锦笺。

“高隆八景”最后一个是“翠岫晓钟”。翠峰山在西南方向，峰下有一座比较大的寺庙，叫翠峰寺。《光绪兰溪县志》说：“翠峰禅院在高隆镇西南里许，地名寺山叶。”传说明代翠峰寺有僧人数百名，清代初年雍正时，因为僧人不守清规，被官家派兵焚毁。正德年间文士们写“高隆八景诗”的时候，正是它的盛期，诸葛鲤的诗是：

半山梵宇住烟霏，隐隐钟鸣出翠微；
响逗残云来远岫，声传清曙到扃扉。
日升东海金轮涌，月挂西林玉镜归；
欲唤世间尘梦醒，却教万井见朝晖。

乡土文士们自觉地参加对自然美的改造增益，兴趣盎然地点缀山水。例如，《光绪兰溪县志》说到一座“净娟亭”：“在太平乡高隆镇，明正德初诸葛文郁建。倚山为亭，亭之旁植多竹，名曰净娟。”诸葛文郁有自咏诗：

懒去从龙叩远岑，依岩触石最幽沉；
四时湿气常凝树，十里晴涛欲作霖。
怡悦自成宏景趣，萧疏重继子陵心；
客来问及余生计，只合敲诗与鼓琴。

正是这种浓郁的对田园美、山水美的热爱和对生活美的热爱相交融，使诸葛氏在聚落本身的规划建设中，引进了自然景观，引进了园林和绿化。

“八景”把人们的生活环境人文化了。人和生活环境趋向和谐了。

宗祠

宗祠制度

1.敬宗收族

浙江农村，大多是聚族而居的血缘村落。一般村落只有一个主姓，其余为小姓，极少数村落有两三个主姓。一姓是一个宗族，在这种村落里，宗族是唯一的组织力量，既是最基本的，又是最权威的。因此，村落里都有宗祠。有些村落，主姓家族只建一个大宗祠，多数村落，还会在大宗祠之下建分祠、支祠、香火堂等各级宗族组织机构，多的至数十个，它们形成层级系统结构，最高的大宗祠通称祠堂。宗祠是住宅之外最重要的乡土建筑物。

在长期的农业社会里，宗法制度是专制制度的基础。历代统治者都重视和维护宗法制度。宗祠是宗法制度的物质象征，被赋予很重要的意义。《礼记》里说："君子将营宫室，宗庙为先，厩库为次，居室为后。"不过，《礼记》在这里说的是社会身份比较高的君子的家，不是平民百姓的。它又规定："古者天子七庙，诸侯五庙，大夫二庙，士一庙，庶人祭于寝。"所以古代平民百姓祭祖并没有宗祠。宋代以后，在范仲淹等的倡导下，品官家族设立祠堂的逐渐增多。朱熹制定《家礼》，把宗族组织原则条理化，他说："君子将营室，先立祠堂于正寝之东，为四龛，以供奉先世神主。"（见《朱文公家礼》，卷一，通礼第一，祠堂）仍然不提平民建宗祠。直到明朝中叶的嘉靖年间，朝廷才正式准许庶民兴建宗祠，到清代，建祠之风大盛起来，康熙皇帝的《圣谕十六条》里就有"和睦宗族"一条，雍正皇帝在《圣谕广训》里加以解释，说明宗族的任务是"立家庙以荐蒸尝，设家塾以课子弟，置义田以赡贫乏，修族谱以联疏远"。总之是"敬宗收族"，扶贫济困，养老抚幼，明断是非。大约是从这时候起，家庙才被称为祠堂。乾嘉时期的史学家赵翼在《陔余丛考》里说："今世士大夫，家庙皆曰祠堂。"[①]

2.类政权机构

但实际上宗族的作用却远远不止于敬宗收族。当时正式的政府机构只到县一级，县以下的事都由宗族管理，它实际上是个类似于地方自治政权的实体，管理着村民生活的一切方面。如教民安命守法、登记户口、扶贫济困、兴办教育、主持婚丧、建设聚落、保境安民、文化娱乐、公共卫生、维护环境、培植树木等等所有公共事务。乾隆七年（1742），江西巡抚陈宏谋在《选举族正族约檄》里写道：

> 族长以族房之长，奉有官法，以纠察族内之子弟。名分既有一定，休戚原自相关，比之异姓之乡约保甲，自然更易于觉察，易于约束。（《皇朝经世文编》卷五十八）

他把政府职能交给了宗族。

同时代人张海珊在《小安乐窝集·聚民论》中建议：

> 凡族必有长，而又择其齿德之优者为之副。凡劝道风化以及户、婚、田土、争竞之事，其长与副先听之，而事之大者方许之

① 宗祠、祠堂等称呼各地有差异。

官。国家赋税、力役之征，亦先下之族长。族必有田以赡孤寡，有塾以训子弟……唯族长之意经营。

如此，宗族给政治的统治关系披上了宗法的外衣。

高隆诸葛氏宗族是非常典型的这种宗法制宗族，具有全部应有的机能。宗族的最高办事机构在祠堂，祠堂也是供奉神主的地方，它又是一个象征，引起族人的归属感和向心力。大大小小的各级宗祠，除了祭祀先祖、管理公共事务外，乡民的私事，如娶妇嫁女、停柩厝棺、诉苦申冤，也都在宗祠里。族里发生了大事，如调解严重的纠纷，惩罚忤逆、谋凶、淫奔等恶行，或者动员族众与异姓械斗，都要在祠堂里聚众开会，诸葛村人把处理这种严重事件，叫作"开祠堂门"。有些宗祠还附设书垫、老幼的养济院、义仓等。宗祠与乡民生活的关系十分密切。因此，除合族的祠堂多在村子边缘的小水口或其他的风水要地之外，房派的宗祠必然成为各房派聚居区的核心。它们的层次结构反映为村落布局的层次结构。

3.诸葛氏宗祠系统

自从元代中叶诸葛氏到高隆建村以后，族支繁衍，经济情况又比较好，所以村里先后建造过不少各级的宗祠。《高隆诸葛氏宗谱》中的一幅《高隆族居图》里，画着45座宗祠，可惜大部分已经毁坏。①

按照浙中、浙西的习惯，全族的大宗祠才称为祠堂，支派和下面的房派的小宗祠称为"众厅"。房派以下的宗祠叫"私己厅"，是将要形成而还没有形成房派的小宗祠。再下面的则是"香火堂"。族人亡故之后，做两块神牌，一块入祠堂，永不能动，另一块入厅或堂，年节前冬至日可

① 这部宗谱的最后一次重修是1947年。《族居图》前面的"图略"和后面的"书尾"都是康熙五十年（1711）由诸葛琪写的。但图中有些建筑显然相当晚，如绍基堂，据宗谱《重建绍基堂记》，三十九世祖恭三百九十国诗公建的始基堂于光绪三十年（1904）重建后才"更其名曰绍基堂"。大约，后人历次修谱时将新建的宗祠补进了这张图。

以取回家供奉，元宵后再送回厅去。众厅、私己厅和香火堂的数量很多，《高隆族居图》里的45座宗祠并没有包括全部大小宗祠和香火堂。

据近年诸葛村大公堂理事会整理的资料，诸葛村的血缘系统是：唯一被称为祠堂的总祠丞相祠堂，它下面是孟、仲、季三支派（称为“分”）的原五祀、原七祀和原九祀。再下面是十七个房派的分祠和更多的私己厅。它们的关系是：

孟分的分祠是崇信堂，仲分的分祠是雍睦堂，季分的分祠是尚礼堂，均称为“众厅”。不十分重大的事务、纠纷等在“众厅”级处理。

一部分私己厅如友于堂、文与堂等以及更小的香火堂如敦复堂、燕贻堂等没有统计在内。[①]它们通常由住宅改建而来。

诸葛村的各级大小宗祠厅堂凡数十座。在这些宗祠之外，还有一座专门纪念诸葛亮的大公堂。它不在宗祠的系列中。

宗法制存在的土壤是封闭保守的自然经济之下的农业社会。诸葛村人外出经营药材业，在一定程度上淡薄了宗族观念，太平天国之后外姓人大量到诸葛村经商又削弱了宗族对村子的整体统治力。因此，虽然富裕的药商回乡建造了质量很高的住宅，而宗祠建筑的质量却提高不大。于是，在诸葛村，住宅和宗祠在规模和装修上的对比要小于纯农业村落中所见到的。这情况正和商品经济发达的江苏南部相仿：“吴中富厚之家，惟自美居室、饰车马、饮食相征逐，于尊祖敬宗之事略焉不讲。”太平天国劫难，诸葛氏宗族最重要的丞相祠堂被焚毁无遗，事后竟至三十余年无人过问。同时遭破坏的孟分的崇信堂则直到1917年才重建。其他小房派的宗祠有不少根本没有重建。然而在同时，村子的商业中心却迅速恢复元气，新建的住宅则更加辉煌。1947年的宗谱里的《重建宗祠蠲启》说：

> 宗祠自咸丰十一年毁于匪，一片焦土，瓦砾所堆积，荆棘所丛生，牛羊犬豕所征逐，而污秽三十年于兹矣。派下族居数百家，或托先人余荫，或手创门楣，其高楼大厦，美轮美奂，足以耀观瞻者，抑复不少。次亦三间两厢，自成结构，足为上雨旁风之庇。而因推及于先灵所式凭，则废址荒芜，犹夫故也……况迩来禅堂社庙举皆次修造，而独于木本水源所在，绝不一为筹及，则祖宗何事而有子孙为，即子孙何事而有其身为？（光绪十九年诸葛枚撰）

① 以上资料由大公堂理事会副主任诸葛绍贤先生（1921— ）提供。

这篇《启》很生动地记载了近代诸葛氏在商业外向发展后宗族观念的淡薄和由此而来的对修建宗祠的漠视。

但是，诸葛村毕竟还不过处于从农业经济向商业手工业经济转型的萌芽阶段，所以后来还是重建了大公堂和丞相祠堂，规模和质量略高于这地区邻村一般的宗祠，至于众厅和私己厅，即使重建，也很普通，甚至不及一些经济落后的纯农业村落中的。[①]

4.一般特点

作为礼制建筑，宗祠的形制通常都很保守，高度模式化，变化不大。1947年《高隆诸葛氏宗谱》里有一篇《重修雍睦堂记》，里面说：

> 本厅在清嘉庆年间由进士梦岩公倡首大加修葺，后百余年间未始不修不葺，然皆率由旧制，不改一弦。

“率由旧制，不改一弦”，这是中国传统的封建思想文化中根深蒂固的保守性，在建筑中也同样顽强，而在崇祀性建筑中尤其突出。祠堂大多是由三开间的门屋、祀厅和供奉神主的“寝室”组成前后三进，外加厨房、账房之类的附属房屋。它们的小环境，都是背靠高地，前有明堂（开阔地或水塘），左右有直巷把它们与住宅隔开，如堪舆书《宅谱指要》所说：

> 不论上手下手，村中总要三面抽阔之巷，面前要有宽聚之堂。……不可建于界水之地，不可前空后缺。

诸葛村的宗祠还有一些共同的特点：第一，除大公堂（不计入祠堂）和崇行堂等之外，有戏台的不多，而附近的纯农业村落里有戏台的

① 附近的长乐村、新叶村、上唐村、里叶村（建德）、志棠村（龙游）和稍远的西姜村、芝堰村等的大宗祠都很宏大。

祠堂比较多。这或许是商人精于算计，认为戏台的使用率不高的缘故，也可能是宗祠很多的缘故。

第二，虽然不少宗祠前有水塘，但二者的对应关系不紧密，或者有比较大的距离，或者有些间隔，而且水塘一般很大，并不是专为某个宗祠而设。这也和附近纯农业村落里的不一样，那些村子里的宗祠大多有专门相配的水塘。诸葛村宗祠的这个特点，大约与风水堪舆有关系。因为按理气宗的“五音姓利说”，诸葛姓氏属徵音，徵音属火，怕被水克，所以宗祠不能十分亲水。大公堂退出钟塘北缘约30米。前院有一道矮围墙；丞相祠堂前的聚禄塘本来是专为它而挖凿的，但祠堂前却砌了一道大约2.5米高的砖墙，把它与水隔绝，丞相祠堂的入口因而很逼仄。

第三，诸葛村的两条主要丘冈和道路是走东南、西北向的，宗祠要后靠高地，前临明堂，就不免以东、西向的为多。据“五音姓利说”，火姓人房屋的大利方向是坐庚向甲，就是朝向以北偏东75°至正东之间为好。但除丞相祠堂外，只有少数房祠，如崇信堂、雍睦堂，完全符合这一条规矩。不过，宗祠确实没有朝北的，东汉王充的《论衡·诸术篇》引《图宅术》里的一段话：

> 商家门不宜南向，徵家门不宜北向。则商金，南方火也；徵火，北方水也。水胜火，火胜金，五姓之气不相得。

这大概就是诸葛氏宗祠不向北的原因，和正门不近水是同一道理。

第四，在血缘村落，除了大祠堂必在村子边缘外侧，作为整个村落重要的风水因素之外，大部分宗祠，是村落的结构性因素，对村落的结构起不小的作用。房派成员的住宅以本派的宗祠为核心，形成团块，这些团块再形成村落。这种团块的内部组织，有些是不很规则的，有些至少局部地有很严谨的布局，后者是诸葛村结构的重要特色。例如，崇行堂、滋树堂、尚礼堂、日新堂、春晖堂等，两侧都有笔直的夹巷，巷的外侧是排列整齐的住宅，显然与宗祠一次规划建成。因此，宗祠作为房派住宅团块的核心的作用很明确。

第五，多数宗祠在村落的景观中占据着重要的地位，它们的正面比较宽，门前比较空阔，即使在密集的住宅区内，如日新堂，也在门前有一个小小的方场。立面多少有外向性，有装饰。有的是木构门屋，如崇信堂；有的是砖牌楼，如崇行堂和三荣堂；有的是雕砖苏式门脸，如春晖堂、雍睦堂、文与堂和友于堂。从宗谱里的《高隆族居图》上看，有十四座宗祠有功名桅杆。大公堂的正面则有一个重檐歇山式的楼阁，飞檐高挑，十分活跃。它们点缀着村落，造成富有变化的多彩的画面。

第六，有些小宗祠，本来是私己厅，甚至香火堂，香火堂和私己厅常常就设在比较大的住宅里。房派发展之后它们再升级为“众厅”，所以诸葛村有几座“众厅”的形制就是“前厅后堂楼”的住宅，例如春晖堂、友于堂和文与堂。友于堂和春晖堂本是进士第，因此，以它们为核心的结构团块，其实本来就是以祖屋为核心的团块。不过，春晖堂的苏式砖门头以及文与堂前小院和它的门屋，很可能是祖屋升级成众厅之后又改建过的。

第七，大宗祠丞相祠堂的大祀厅是一幢近于方形的独立的大厅堂，叫“中庭”，在前院的中央，四面与廊庑等不相接，这是兰溪和它邻县的贴近村子特有的大祠堂形制。大公堂和崇信堂在大祀厅后面有一个拜厅，面对置神立牌的寝室，这个形制也是兰溪所特有的。

大公堂

1.选址与风水

大公堂是诸葛亮的纪念堂，只奉祀诸葛亮的神主和画像，并举行诸葛亮的春秋二祭。它不是宗祠，在明代世宗时援南阳例称为忠武侯庙，但起着与宗祠相似的作用，唤起归属感，凝聚宗族的力量。大公堂的事务由合族的“首事”管理，首事共九位，孟、仲、季三分各出三位”。[①]

诸葛村的风水是各因素齐备、合乎标准模式，大公堂正位于围合完全的“正穴”上，它的选址和初建看来是很早的。1947年宗谱里的一篇《重建中庭记》说，高隆始迁祖宁五公“堪天道、舆地理，卜吉高隆上宅，聚族于斯”。宗谱《杂事纪要》里“重修大公堂”条目说：“大公堂为始迁祖所建，详情已不可考。”始迁祖宁五公大约是元代中叶来到高隆的，那时候民间修建家庙还不合法也不普及，所以，他以祭祀汉丞相诸葛亮为名，在村子的风水“正穴”上造了一个不大的纪念堂，抢占风水，是很合乎情理的。宁五公初来的时候，颇有家产，并不是力耕糊口的农户，所以，在人口很少的初期，先造一所不大的大公堂，在财力上也是办得到的。

大公堂的朝向是南偏东40度，纵轴线前对案山桃源山，后对祖山天池山，以钟堂为“小明堂”。三面被冈阜包围，只有东方是一个缺口，口外偏南就是丞相祠堂和它前面的聚禄塘。大公堂的这个风水小格局是和整个诸葛村的风水大格局完全同构的，套在大格局的内层。在大公堂前面有一个宽敞的院子，围一带矮墙。这个院子和这带矮墙，显然是为了把大公堂和钟塘隔开，因为诸葛氏属火姓，以免犯“水克火”的忌讳。

2.兴造史

现有的大公堂的规模和形制当然不会是初期的。关于大公堂的文献，最早的是1947年宗谱里的《大公堂助地记》，已经是光绪三年（1877）的了。它说：

> 大公堂由来已久，其制前进及中堂气势宏敞，最后寝室唯一

① 兰溪和它的邻县，如建德，宗族的管理就由9个人合作主持，这个管理集体叫“九思公”，名称来自陆九渊的幼弟陆九思，传说他最正直公道，多大的宗族都能管得井井有条，和睦安详。

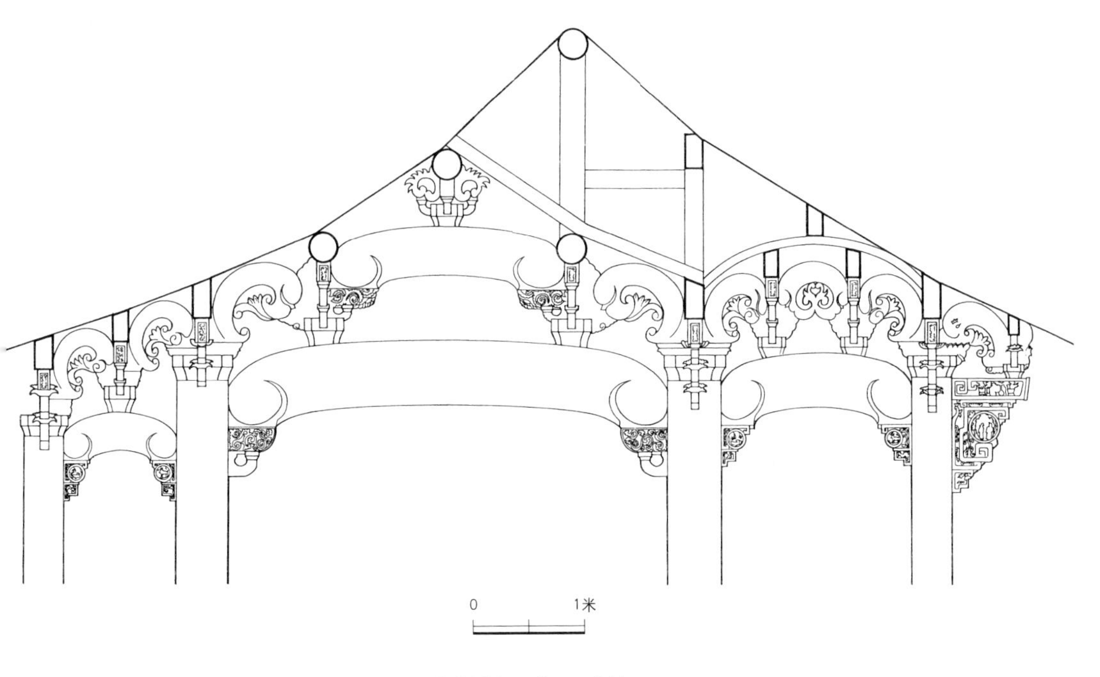

诸葛村大公堂正厅梁架

间，左右毗连皆得（私）己住宅，非祠产，想营造时未可通融，限于基地，难取规方，抑形势家或别有说，只宜如此，盖不可知矣！然后人究以前方后锐为未慊于心。

前进和中堂都是大三开间，最后供诸葛亮神主的寝室只有中央一间，这便是“前方后锐”。后人觉得不好，在道光年间和同治年间，先后分两次把西北角一小块土地收购了过来：

遂建楼屋三间，为账房并为收藏祭器之所。其左首地则季（分）守愚公所助，拓室三间为厨房。自外观之，左右均填补方正而其中仍不敢轻易祖制，诚美举也。

大公堂的现状大概就是那时候定下的。据宗谱的《杂事纪要》：“民国二十九年（1940），裔孙等见厅事年久失修，尤以头门及前厅为甚，于是鸠工庀材，先后拆修，阅二年而葳事。经费概以祠中入息取用。”1990年，又经大公堂理事会负责大规模维修。①

3.现状

大公堂位于村中央钟塘的西北角，有一个前院。前院的东南角上，也就是左侧青龙位上，有一座头门，朝向正南。头门单开间，只有3.2米宽，木结构，两侧洁白的封护墙夹一个青屋顶，很轻快秀丽。它和前院一起形成了大公堂的前导，增加了空间层次。又因它尺度的近人而减弱了大公堂的肃穆之气。

大公堂一共四进，都是三开间，门屋靠里面一侧本来有一座戏台，所以进深大，连门廊有8.3米。门屋前面是敞廊，明间有牌楼式的阁子。1990年重修时因经费不足，拆除了戏台。隔一道4米宽的天井，便是高敞宏宽的中庭，它进深也是8.3米。中庭之后，又是一个4米宽的天井，接着便是正厅，进深8.6米，明间后金柱设太师壁。转过太师壁，出后门便是一间5.2米见方的拜厅，左右各有一个小天井，合而为“日月井”。天井全面积为水池。拜厅的两只后角上，各有四棵柱子组成一簇，这个做法比较特殊，在其他地方很少见。②

这座方形的拜厅之后，就是最后一进“寝室”，只有中央一间，进深7.6米，供奉诸葛亮神主和画像。室为两层，诸葛亮神主上方二层楼板开井口，边缘设栏杆。楼上的光线穿过这井口照落到神主和画像上，使它们在昏暗的寝室深处微微发亮，有一种朦胧的庄严气氛。慎终追远，对先祖的缅怀，多少需要一些宗教式的感情。它的东（右）侧是账房，楼梯设在这里。左侧是厨房。账房是宗族管理机构的办事处，厨房在祭祀时制作供品，主要是飨宴的食品和胙肉、馒头之类。

---

① 主持的大木工匠是附近章山坞村人章有钧师傅。1948年出生，其父从东阳学艺，系东阳帮。21世纪初过世。

② 据地方传说，这种做法只有族中有大官的才能在祠堂里采用。诸葛亮是丞相，有这种资格。

大公堂

大公堂的总面阔是11.1米，总进深是49.5米，四进之间没有院落而只有狭窄的天井。总面积大约550平方米。它与丞相祠堂都是全村最大的建筑物。

大公堂的正门完全是外向性的，炫耀而且华丽。明间的前半部升起，在骑门枋上加两棵短柱，形成为三间牌楼式。檐下均用斗栱。中央歇山式屋顶的正脊高约十米。四个翼角高高翘起，几乎与屋脊平齐。[①] 左右两个较低的屋顶也同样飘洒飞扬。这个错落有致的正门舒展生动，充满活力，比例又十分和谐。木构件漆作暗红色。它中央上下两个额枋之间补白色木板，黑字写“敕旌尚义之门”六个字。据《高隆诸葛氏宗

① 据章有钧师傅说，按东阳派规矩，翼角应与正脊两端的吻同高，叫“角对角”“高对高”。

谱》记载，原五公诸葛彦祥曾捐谷赈饥，明英宗于正统四年（1439）七月降敕旌表：

> 国家施仁，养民为首，尔能出谷一千一百二十一石用助赈济，有司以闻，朕用嘉之。今遣人斋敕谕尔，劳以羊酒，旌为义民，仍免杂泛差役三年，尚允蹈忠厚，表励乡俗，用副褒嘉之意，钦哉。

这便是那“敕旌尚义之门”的来历。

牌楼门正面两侧次间的廊内金柱间做粉壁，分别书写“忠”“武”两个巨大墨字，因为南宋绍兴九年（1139）朝廷曾谥诸葛亮为“忠武侯”的缘故。门屋的两端以两步封火山墙结束，很紧凑、挺拔，有层次。门前有一对夹杆石，作竖立功名桅杆之用。

从钟池沿岸和左右巷口看去，大公堂的门屋和牌楼与前院的头门一起，向不同的角度展现不同的构图，造成很丰富的景观。尤其刚刚走出阴暗曲折的窄巷，空间忽然开朗，参差错落的白白亮亮的马头墙衬托着欢快灵动的牌楼门，非常突兀，使人感到意外的惊喜。

大公堂的侧立面，是两堵高高的白粉墙，既封闭又单调，虽然有马头墙，也并不能改变它的沉闷。但它的后部，账房前檐和后檐，各有一道横向的墙，它们层层起落的马头与寝室的两堵山墙的马头一起，向两个方向跌宕跳动，很丰富多变。从它东侧下坡路上和山坡上看过来，它们好像充满了生命的欢乐，非常活跃，可惜这两面都不是重要的交通线。

门屋后部原有戏台，顶棚是一个长方形的覆斗式藻井，四周有斗栱挑出，中央是镜面。这样的藻井，当地称为“平箕结顶”。[①]

中厅和正厅，梁架雄壮，依当地惯例，都是中榀为抬梁式，边榀为穿斗式，全部露明。中厅的檐柱高5.1米，金柱高也是5.1米。正厅的檐

① 章师傅说：戏台原本是“葫芦结顶”。即有斗栱的八角形攒尖藻井。

柱高4.9米，金柱高5.5米，内部空间高大宏敞。梁架上有些雕饰很华丽的构件，一些结构构件本身也做装饰性处理。凡水平的梁都做成月梁，曲线柔和，梁端卷杀有力。月梁两个侧面都作弧面，非常饱满，在端部刻圆润的“虾须”，反卷回去，把梁端卷杀的动势完成。虾须刻很深的沟，刀口硬而锐，中央有一道很锋利的尖棱，它们强烈地对比着月梁的柔和、饱满和圆润，非常鲜明有力，强化了整个月梁结构构件应有的刚挺性格。金柱和檐柱之间一般相距两“步”[①]，所以它们间的联系梁叫“双步梁”。前后金柱之间必定用五架梁，它和双步梁的上面，每步都有一个斜向的联系构件，整体做成环状，雕出头尾，甚至有眼睛，称作“猫梁”[②]，纯粹是雕刻式造型。这些猫梁斜向抵着檩子下的瓜柱，因为瓜柱上有大斗托着檩子头，所以这种做法又叫作“猫捧斗”。猫梁的结构作用不大，但因为是环形雕刻构件，与粗壮的梁、枋的对比很清晰，所以并不引起结构逻辑的混乱，反倒有很强的装饰效果。它们使梁架显得丰富而且柔和。

按照当地传统，大公堂中厅中央的四棵前后金柱，分别用柏、梓、桐、椿四种树木制作，谐音“百子同春”，为的是祈求宗族繁衍的吉利。各厅堂所有的柱子都漆黑色，用猪血麻纱地仗。柱头以上的梁架都是木材本色。柱子前脸漆红底黑字的楹联，都是颂赞诸葛亮的德行和功绩的。正厅内太师壁左右后金柱上的楹联是：

> 溯汉室以来，祀文庙，祀乡贤，祀名宦，祀忠孝义烈，不少传人，自有史书标姓氏；
>
> 迁浙江而后，历绍兴，历寿昌，历常村，历南塘水阁，于兹启宇，可从谱牒证渊源。

---

① 即两个椽档。

② “猫梁”是东阳系木工的叫法。当地也有人称它们为“猫拱背”或“老鼠皮叶”（即蝙蝠），更有叫“猪鱼”的。

这是大公堂主题性的楹联，除了上联历举诸葛亮的德行功绩之外，下联还勾画了本村诸葛氏的迁徙历程。这是宗祠里最重要的一副楹联的常规写法。

这一对楹联之间，是正厅的太师壁，白底黑字，书写诸葛亮的《诫子书》，作为诸葛氏世世代代的族训。其中的名句“非淡泊无以明志，非宁静无以致远”，早就是中国读书人熟知的格言。朝廷钦定的每年四月十四日和八月二十八日春秋二祭，太师壁前设供桌、香案。

左右次间的后墙上分别书写诸葛亮的前后《出师表》。

中厅、正厅和两廊，没有门窗装修，全都向天井敞开，从大门层层望进去，纵深感很强。无论规模尺度、空间处理、色彩装饰和楹联族训，都强调出庄敬肃穆的纪念性，很切合大公堂的意义，是崇祀性建筑的典型风格。

正厅之后的方形拜厅和寝室，则是一种平易、安宁的风格。它们的尺度比较小，装修和雕饰比较精致。拜厅左右还有一对日月井，光线明亮柔和，空间更加开敞，造成了亲切之感，有一种居家气息。与前面的大厅对照，这样的建筑处理，仿佛也有“前朝后寝”的意味。[①]

4.放生

大公堂的大木构架，除了以装饰性为主的构件猫梁和经过装饰化加工的月梁之外，还有一些精致的处理，美化大木构架，削弱它的笨重，使它柔和。这些做法，当地木工称为“放生”。或许就是“给它生命”的意思。它们不但在兰溪和附近各县流行，而且在皖南、赣北也有，不过，兰溪的建筑，尤其是诸葛村的，大木构架的形式很精致。

放生做法之一是使用“梭柱”。大公堂里，柱子的最大直径在离地面约1.8米处，向上向下作弧形收缩，非常典雅。但收缩的弧形轮廓和收缩量的大小，并没有一定的格律程式，底径大致比最大直径小3—4厘

---

① 据章有钧师傅说，清末民初时，大公堂方形拜厅的顶棚是很华丽的“葫芦结顶”，1990年重建时做得很简单，只用歇山式梁架和屋顶。

米，顶端小5—6厘米。[1]特殊做法之二是柱子有明显的“侧脚”，就是柱子并不垂直竖立，而是向大厅中轴线略略倾斜，站在中轴线的一端，望穿厅堂，两副中榀梁架的柱子的倾斜虽然不大，但足够明显，柔和地增强了空间的透视感和向心性。侧脚也没有定量的程式，而是根据建筑物的大小，由主持的大木工凭经验决定。

屋顶的做法，也是“举架”和“生起”兼有。举架是说屋顶从脊上至檐口是个凹曲面；而且檐口处的曲率比较平缓，甚至是直线，渐近屋脊，曲率渐大。生起是说屋顶左右也是个凹曲面，两头高于中央，屋面因此是个复杂的双曲面。生起没有一定的计算法，大致是，檩子的向外端比向中端抬高15—20厘米。举架则是，由檐檩往上数，第一步架的斜率为40%，称“四分水”。第二步架为50%，称“五分水”。第三步架为60%，第四步架为70%，分别称为“六分水”和“七分水”。大于四步架的房屋不多，如果有的话，分水数类推。屋顶的做法虽然很讲究，但是左右有高高的马头墙封护，前后也有院墙和后檐墙，屋顶在房子的外观上很不重要，甚至不大容易被人看到。因此，举架和生起常有略而不做的。生起尤其少见。[2]

“放生”其实就是微小的变形，有的是由于改善视觉效果的需要，有的是由于风水。不论是合理的还是迷信的，都可以见出乡土建筑中用心的细密。正是在这些细密之处，表示出民俗文化渗入建筑艺术的深度。

5.祭祀和演戏

嘉靖七年（1528），明世宗给南阳郡的忠武侯庙颁了一道《赐忠武侯庙规祭文祭品》的敕文，其中规定，忠武侯庙行春秋二祭，春祭用次丁日，秋祭用八月二十八日。诸葛村的大公堂也遵照这个规定，春祭定

① 据章有钧师傅说，全凭经验根据木料特点做。

② 在诸葛村，调查中未见“生起”。章有钧师傅说有“生起”做法，本文依据章师傅说法。

为四月十四日，秋祭为八月二十八日。一年两祭，这是最高的祭祀规格。祭品遵敕用“一品物”，即“猪一口，羊一羫，鱼醢、肉醢，菹菜共五品，米面食共五品，果子五品，香一炷，烛一对，帛一段，酒二瓶，行三献礼如仪”。祭礼由孟、仲、季三分的各三位“首事”共同主持，在第三进中厅里举行。

春祭重于秋祭。每年春祭的时候，大公堂里演三天戏，大公堂的戏台在前厅后部，面向中厅和正厅，也就是面向诸葛亮神主。这是宗祠和庙宇里戏台的习惯性布局，为的是演出的时候祖宗和神可以看戏，演戏的目的本来借托的是“酬神敬祖”。观众席分两部分。男观众坐在台前，直到天井里，女观众坐在中厅的檐柱后面，自带高脚凳。檐柱之间临时设栏杆，栏杆前有几位白胡子老人巡视，如果有儇薄子弟回头偷看妇女，老人们的长杆烟袋就会敲到他脑壳上。虽然有这样严密的防范，村里子弟们仍然流传着一句话：“要看大姑娘，四月十四大公堂。”

戏大多由附近村子里的业余季节性戏班演出，他们在农事之暇到各处表演。剧种通常是昆曲、徽剧（俗称锣锣骨）和金华乱弹等。主要剧目有《百寿图》《渭水访贤》《白蛇传》《下河东》《三打王英》《王阳访主》《回龙阁》《珍珠环》等。嘉庆三年（1798），清仁宗下诏禁演乱弹，说它“声音既属淫靡，其所扮演者，非狭邪媟亵，即怪诞悖乱之事，于风俗人心殊有关系”。所以和梆子、弦索、秦腔等一起，“概不准再行演唱”（见苏州《老郎庙碑记》）。但大公堂里仍然演唱不辍，或许剧目有所限制。民俗文化一向不大顾虑皇帝们的好恶，也是常事。

除了祭祀先祖诸葛亮外，大公堂里每三年还办两次“清净道场”，在冬至节，每次三昼夜或七昼夜。但七昼夜极少做，所以做清净道场又叫“做三昼夜”。清净道场是为了超度一切漂泊饥馁的游鬼孤魂，希望他们不要为厉人间。道场由和尚、尼姑、道士在大公堂里轮流地做，设醮念经，供奉的则是道教的通天教主、元始天尊和太上老君。同时，有一些道士赤膊、画脸，手执钢叉挨家挨户“驱鬼”，由各家随缘布施。

到第三天晚间，在北漏塘东岸搭台演鬼戏，阴曹无常、牛头马面等，十分狞厉可怖。演完戏后放焰口，在台前焚烧纸扎的妖魔鬼怪。它们三天来一直陈列在戏台对面的“大士铺”上。大士即面然大士，为鬼王。焚烧后，抛糕点糖果，儿童欢呼捡拾。这种清净道场，是求地方的安全的，不是诸葛一姓的事，所以，市面上的外姓商人，也都纷纷捐款赞助。这也是因商业和手工业发展，诸葛村从血缘村落向地缘村落转变的现象。

在大公堂里举行的活动比较多，它比丞相祠堂更富有公共性。不过，诸葛氏真正的祖祠是丞相祠堂。

丞相祠堂

1.兴建史

丞相祠堂是高隆诸葛氏全宗族的总祠，它所在的位置与大公堂遥相呼应。它紧靠村子的小水口，作为守在村口的第一座大型公共建筑物，它也有一个完整的风水格局。《高隆诸葛氏宗谱·重建宗祠记》（明万历年）里说：“吾族宗祠，自岘山起祖以来，脉注真龙，形名伏虎，厥地祥矣！”它背靠大公堂的案山桃源山（俗称经堂后山），以它为镇山，朝北偏东40度，面对着旧王坞村背后的两座山，其中一座是诸葛村龙砂“假猢狲山背”最高的擂鼓山，以它为案山。祠堂前面的明堂就是全村风水的中明堂。万历年间重建祠堂的时候，在明堂里挖了一口大水塘，叫聚禄塘，用挖出来的土填高祠堂的房基地。但是，在丞相祠堂前造了一堵墙把它和水塘隔开，这个处理和大公堂类似。

关于丞相祠堂的始建年代，1947年宗谱里言之凿凿。有一篇《举能以理祠事序》写道：

> 我安三府君建立家庙五间，以奉祀宁五府君神主，追而上

丞相祠堂

> 之，以逮国谕公，亦五世亲尽之义，俾后世子孙化者神主皆得藏于其中，世世相承，守而不变。

然而，安三府君生于元末，盛年在明初洪武年间。那时候从宁五公迁高隆还只有三代，除去远谪、客死和外徙，留下的不足十人。虽然可能这期间又有其他诸葛族人迁入，也不会很多。而且，全国各地普遍建造宗祠，是明代中叶嘉靖以后的事，所以，这记载是否可靠，颇有疑问。如果在那时兴建，大约也只能如《重建宗祠记》里所说，“仅足以庇俎豆”而已。

那篇《举能以理祠事序》又说：

> 后以代远丁繁，积不能容……于嘉靖年间醵合族之钱，建立

寝室五间，侧楼四间，奉旧寝室之神主，安之于上，而以旧室为享堂。迨万历年间，各房神主既多且杂，而祭于下者亦觉局促难舒……爰立乐输之议，开喜庆捐资之条，经营图度，凡十余年，置田开塘以填前基，造门台三间，两庑十六间，敞厅二间，其规模大局定矣。而享堂犹仍其旧。

看来，撰《重建宗祠记》的万历年间这座大宗祠供奉的神主已经不仅是朱熹所建议的五世近祖了。不久，旧享堂“日就敝坏”，于是再由合族三分中有声望的人主持，“斟酌丰约，定多寡之数，以输其资”，买下外村的一座祠堂，于万历三十六年（1608）拆迁为丞相祠堂的享堂[①]，再“辅以两翼，益以后轩”，于是，形成了它最后的形制。两庑的十六间[②]设神案，分别供各房派的神主。万历年间的《重建宗祠记》说当时的丞相祠堂：

气象堂皇，规模远大，屏山带水，愈灿光辉。虽过客往还，尚无不俯仰流连而啧啧称赏，宜乎发祥衍庆。

不过，据乾隆癸未（1763）的《重建中庭记》说，当年虽“建有中庭，未甚宏敞”，于是“立簿批捐”，从雍正己酉（1729）至甲寅（1734），阅时六载，重新建造了中庭。但是，“咸丰间，粤匪蹂躏，举凡寝室、头门、中庭、廊庑悉毁于火”。盘踞于诸葛村两年的太平军李世贤部烧光了这座宏伟壮丽的建筑。

兵燹平定之后，村里的住宅稍有恢复，商业区重新发展，但因为诸葛族人外出经商的多了，长年不回故里，而且村里的外姓人也多了，血缘村落已经开始向地缘村落过渡，所以宗族观念渐趋淡薄，宗祠迟迟没有重修。一直到了光绪十九年（1893），才有诸葛枚发起重建。光绪

① 这享堂大概就是后来的中庭。可见中庭礼制，最迟清初已有了。

② 当时大约还没有十六间，所以光绪二十二年（1896）再建时只有十四间廊庑。

二十二年季分的棠斋公（即诸葛锵，1844—1900，天一堂药店创始人）从上海归来，也热烈呼吁重建大宗祠：

> ……乐输以倡其首，而族中之殷实者亦各踊跃将助，爰并男丁捐额与公帑余积……共得白银四千余两，自是诹吉兴作，去其瓦砾，仍其旧址加高尺许，重建寝室七楹，头门五楹，钟鼓楼两楹，东西庑十四楹，门台及厢房七楹。外则缭以周垣，内则屏以绣闼。堂构轮奂，巍然焕然。虽中庭一时未复其原，而外观固已有耀也。寝室中设神座五，中座敬供汉丞相忠武公，而以一世祖仍十九府君配享焉。左则忠孝义烈与乡贤先达之位，余三座则附祭诸公皆于以供奉焉。其两庑十四楹各分各厅各祀一室，而左右上下一循先世长幼之次以为序。岁庚子十月落成志喜，一时灯烛辉映，鼓乐暄填，礼貌衣冠，观者云集。彬彬乎吾族迩来数十年中甚盛事也。（光绪丙午1906年《重建宗祠记》）

这份《记》里提到的“未复其原”的中庭，直到1925年才起工重建，于1930年完工。中庭的复建，由十二位“祠任”主管。其中一位诸葛辅（1866—1925）曾主持建筑材料的采购，宗谱说他“夙夜服膺，不容少懈，求大木，采巨石，石料木料半数过多”。工程初始，他便去世了。临终之时，留下遗言：“生平以来，别无大事，中庭一项，大愿未偿，望诸‘祠任’合意磋商，和衷共济，公心勇敢，莫负初衷。”终于在合族一心的支持下，完成了工程。（据民国三十七年即1948年《重建中庭记》，见《宗谱》）丞相祠堂的规模和形制到这时完全确定，一直保存到如今。与万历年时的差别，主要是寝室由五间改为七间，两庑由各八间改为各七间。

大宗祠建中庭，是兰溪独有的大宗祠形制而在境内很普遍。[①]这类

① 诸葛村附近的上塘村、芝堰村、西姜村、渡渎村、里叶村和新叶村（里叶村和新叶村今属建德市）都有这种做法。

宗祠、门屋、寝室和两庑围合成大致为方形的、很宽大的内院，而于院子正中造一幢独立的敞厅，与四面房屋不相连属，十分高大，几乎塞满院子。这略近方形的敞厅就叫中庭，它是大宗祠里举行祭祀仪典的地方，极尽华丽。

2.现状

丞相祠堂占地宽42米，深45米，面积大约1900平方米。门屋五开间，正脊上用磨砖刻“隆中云礽”四个大字。门屋前有夹杆石一对。檐柱高5.2米。中央三间为正门，檐柱间设签子栏杆，金柱间开板门，每间四扇，门前设抱鼓石。左右梢间做精致的磨砖影壁。正门并不高大华饰，而是尺度亲切、风格平易，素雅精致，很有诸葛亮“静以修身，俭以养德，淡泊明志，宁静致远”的气度。正门本来面临自东南方入村的大路，隔路便是聚禄塘，门屋的景观是开敞的，而且祠堂在村口，即小水口，与村子整体的关系很正常。但后来大约出于风水的考虑，（据风水术数“五音姓利说”，诸葛为徵音，属火，故忌水）门前砌照墙与水隔断，也就隔断了它和大路、和村子的正常关系。正门前形成了一个窄窄的前院，两端向左右开门。正门一般不用，出入都由东北角侧墙上的两个小门，门前很局促。小门与普通住宅门相仿，一个小小的雨罩门头，虽有精致的雕花牛腿，但没有崇祀建筑通常都有的肃穆之气。自从高隆市商业街发展起来，入村道路改走聚禄塘东岸。丞相祠堂被甩在了一边，商业使礼制中心在村子格局中的重要性降低了。

两庑各七间，设神案供十四房神主，每房一间，也叫“寝室”。廊庑的檐柱是方形石柱。[①]因为背靠桃源山，所以最后一进的寝室和它左右的钟鼓楼都在高台基上，左右两庑的尽端有台阶，上12级为月台，再上10级是寝室，总升高5.1米。寝室中央明间供奉的还是先祖诸葛亮，左右供附祭的祖先，都是“功宗德祖”“忠孝义烈”和“乡贤先达”。寝

① 从相距诸葛村10华里左右的志棠村的大宗祠的做法看，檐柱之后应有装修，如今已荡然无存。

室是五间，左右又各有两间，在这两间之前，向前各突出两间，左为钟楼，右为鼓楼，相向而立。它们正在月台的两端。月台前沿设青石栏杆。栏杆的分段和大宗祠的轴线不合，可能是太平天国军队大破坏前的遗物。栏板上刻着麒麟、天马和如意盒子等，构图和刀法都很古拙而浑厚。钟鼓楼的山墙，也就是朝向祠堂大门的一面，墙头是半圆形的，轮廓丰满而有弹性，在月台上看，尤其是在聚禄塘对岸路上看，它们与其他各部分的直线、方角相对比，非常活泼生动。

门屋、寝室和两庑，尺度和规模都不大，装饰也比较简朴，只有檐柱头上承托挑檐檩的牛腿刻着宛转盘曲的卷草，疏密得体，线条明快而精致。两庑本为各房祠供奉灵牌的场所，各间隔开，也叫寝室，共十四间，正合十四房之数。但大宗祠于土地改革后被征用为粮站，隔间被打通了，迄今未修复。门屋、两庑和月台围合成一个宽22.6米、深18米的方形院子，院子正中便是轩昂壮丽与四面建筑都没有任何联系的中庭。这是一座面阔五开间（16.6米）、进深三开间（9.2米）的歇山顶敞厅。它的檐柱高5.6米，金柱高6.6米，脊檩高8.9米，空间很高大。檐柱和山柱都是石质的方柱，中央四棵金柱直径约50厘米，分别用柏木、梓木、桐木和椿木，谐音“百子同春”。这座中庭的梁架宏壮而且华丽，雕饰十分丰富，大梁上刻浅浮雕图案，蜀柱左右有“猫梁”，柱头上有牛腿，梁端之下有梁托，都精雕细刻。两个中榀梁架的脊瓜柱两侧有三角形的花板，浮雕构图很饱满，一对狮子，一撮撮的鬣毛根根清晰，卷曲有致，像层层涟漪，轻轻漾动。它的歇山顶的正脊上，原来也曾装饰着雕砖的行云游龙。①

这座宏敞而又华丽的中庭，在尺度上，在规模上，在形制上，在位置上，在装饰上，都与四周的廊庑、寝室和门屋形成很强烈的对比，愈加显得庄严高贵。因为它塞满了院子，也就表现出一种强势的性格。

丞相祠堂的中庭、寝室和门屋都是五开间。据清朝《文献通考·群

① 屋脊的游龙在“文化大革命”时被毁，因为没有留下照片或图样，耆老记忆又出入很大，所以至今未能修复。牛腿等木雕因为用石灰膏包裹而逃过劫难，幸存下来。

庙考》，三品以上高级官员的宗祠，“大堂”可为五开间，台阶五级，东西两庑各三间，有两重南门，外缭围墙，开东西侧门。四至七品的中级官员家庙，堂屋三开间，台阶三级，东西庑各一间。八九品小官家庙，堂屋只有一间，台阶一级，院子开一个正门。丞相祠堂的规格相当于三品以上高级官员的宗祠。据宗谱记载，早在明初洪武年间初建的时候，它就是五间，属最高级，显然是按诸葛亮汉相的身份来决定形制和规模的。

3.祭祀

每年冬至节，丞相祠堂举行祭祖仪式，称为“祭冬”，这是诸葛村最隆重、最高层次的仪式。仪式详细规定在宗谱里。

节前几天，孟、仲、季三分的各三位“首事”，在祠堂账房内一起总结全年工作，结算祠产出入，[①]核算并登记生死人口，并准备“祭冬”事务。

“祭冬”的主祭人由孟、仲、季三分轮流担任，须是五十岁以上的长辈，由各分自己推荐。主祭人要自费准备一些礼品，如“印糕”，分给全体与祭者，所以一般都是家资殷实的人担任。因为一生只有一次机会，主祭人很重视这荣誉，往往多做印糕广送亲友，大宗祠则送鲜羊腿一只给他，作为纪念。

祭祀时，执事人员都选用有比较高文化水平的，并且要熟习礼法。

在正面寝室的明间中央，诸葛亮神主之前，设香案一副，内执事伫立在香案两侧。司仪站在寝室前的月台上。中庭中央也设一副香案，它前面是祭品台。祭品有全猪一只（装在木架上），全羊一只（装在木架上），三牲一副（鸡、猪、羊肉等），馒头一盘，猪肝一盘，粉条一盘，米饭一碗，茶一杯，生羊血及羊毛一碟，纸扎的茶花一朵，黄酒三杯。香案上陈列蜡烛两对，香一撮。另外还准备鞭炮两筒。

外执事，又叫“引赞者”，站在祭品台两侧。主祭人站在祭品正前方，它左右又有读祝者。祭冬时刻一到，司仪人歌赞：

---

① 丞相祠堂祠产每年有一千多担谷子。

（1）肃立，起鼓三通……鸣金三转。起乐。

（2）内执事偶进，三揖，升堂就位。

（3）外执事偶进，三揖，就位。

（4）引赞者偶进，三揖，就位。

（5）主祭人就位，参行鞠躬，跪，三叩首，兴。

（6）行降神礼，主祭人诣香案前，跪，三上香，奠酒，酹酒。献毛血，瘗毛血。献祝帛，奠祝帛。兴，平身复位。乐以迎神……歌以迎神。

（7）行初献礼。主祭人诣神位前……跪，俯伏。执事者告天祭酒，一揖。灌酒，再揖。复位。放爵。献茶（纸扎茶花）。初献爵。进炙肝。兴。平身复位。……乐侑初献，歌侑初献。

（8）行读祝礼。主祭人诣香案前……跪，俯伏。止乐。读祝者诣读祝。所。跪。宣读祭篇……读祝者兴，主祭者亦兴，平身复位。跪，三叩首。兴。

（9）行亚献礼。主祭人诣神位前。跪，三献爵，奉馔（即馒头），进汤（即粉丝）。兴，平身复位……乐侑亚献，歌侑亚献。

（10）行三献礼。主祭者诣神位前。跪，三献爵，奉食，点茗。兴，平身复位。乐侑三献，歌侑三献。

（11）行辞神礼。主祭者诣香案前。跪，三上香。兴，平身复位……焚帛，焚祝文。跪，叩首。兴，乐以辞神，歌以辞神。

（12）礼毕。主祭者退班，与祭者同拜，鼓乐齐鸣。

清明节的祭祀没有这样隆重。大公堂的四月十四日春祭，也是行同样隆重的三献礼。建筑的庄严宏大，与仪式的隆重完全适应。大公堂一年两祭重春祭，丞相祠堂一年两祭重秋祭（注：即祭冬），是有意的安排。

丞相祠堂平日闭门，不许出入。有事要“开祠堂门”审理，都在三个房分的宗祠。

其他宗祠

虽然各级宗祠的模式化程度很高，也有几座有一些各自的特点。

1.滋树堂

一座是滋树堂。清初康熙年间，第四十世祖明魁公在苏州阊门外创文成药行，他的四世孙醒庵公回家建滋树堂。[①]它的主体是“三进两明堂”式的，并没有特点。它的左右有夹弄，弄外侧是与宗祠同时建造的本房派的若干套住宅，宗祠作为聚落团块核心的结构作用很明显。它的正面本来是水磨砖的门脸，雕饰十分精致。据传说是在苏州订购的，先选好样式，逐块制成，然后由水道石岭溪运到诸葛村南1里多的新桥头，再起陆运到现场，向墙上安装。这大约是诸葛村第一座由苏州买来的雕砖门脸。从它开始，以后诸葛村用同样方式造了不少“苏砖门头”。诸葛村的“苏砖门头”是商品经济发达的重要标志，说明在苏州和兰溪，建筑的局部已经商品化了。也说明跑码头的商人眼界宽，思想束缚比较少，敢于引进外地文化。

滋树堂最大的特点是它一反常态，所有的柱子都用歪斜扭曲的树干做成。尤以正厅明间前左右一对金柱为最。目的大约以茂密的野生森林状态象征堂名“滋生”的蓬勃。（大约3华里外的长乐村也有一座祠堂叫“滋树堂”，同样采用这种手法。）[②]

滋树堂有一座很著名的花园，叫作西园，它因此也被叫作“花园厅”。西园在它背后所依靠的冈阜（俗称老鼠山背）上，据《光绪兰溪县志》记载：

> 西园在太平乡高隆镇，国朝乾隆十六年（1751）里人诸葛履法建。是岁荒歉，履法取以役代赈意建。……园之广仅二亩。

① 一说文成药店始创于明代，建滋树堂的是乾隆时的诸葛巍成。

② 不远的武义县俞源村有一座民宅叫“滋树堂”，所有的柱子也是歪斜仿自然林木。

叠石为山，栽以竹，号曰�山，上有小亭二，一方一圆，左右错峙，其下石皆嵌空，可纳凉，名曰雪洞，有径曲折，达于亭所。洞之外有池，架石为梁，梁作三折波。有牡丹亭、玉兰房。又造船屋，仿船式为之，每当花晨月夕，延客觞咏其中，令人作张融舟居非水之想。园壁镌诸葛湘所撰《西园赋》，写作俱佳。今园废，文亦佚。

园的荒废，是由于太平军的破坏，滋树堂当时被焚毁，后来修复，但在20世纪50年代“文化大革命”时期，又被“革命派”拆除，用作牛棚。

据《高隆族居图》，滋树堂右侧的绪新堂也有后花园，叫“且园”。且园和西园，大约是清代前半叶诸葛村最重要的两座园林，所以才被画在族居图上。

2.春晖堂

春晖堂和文与堂，都以苏式雕砖门脸的精美为主要特色。春晖堂的雕砖门脸最华丽，中央部分突出于两侧檐口之上，呈三楼式，高约9.2米。檐下有砖质小斗栱，枋上有亚字纹。上枋中央立竖匾刻“恩荣”二字，上下枋之间的垫板上镌刻“荷宠凝庥”四字。两侧的墙全是平整的素面，它们与门脸的对比十分强烈，烘托出中央的富丽精细和轮廓跳动，却又使整个立面显得有节制，不烦琐，也很明快，因而虽华丽却有庄严肃穆的气息。两侧墙檐的装饰花式与中央部分衔接，使二者成为整体。

春晖堂是由进士第改为私己厅的，形制是“前厅后堂楼”。右边的夹道和夹道外侧的统建住宅还保存得很好。夹道口的小门也有磨砖门头，门头上镌刻“攸宁”两个字和简单的纹饰，素雅而和谐。

3.文与堂

文与堂是一座由老宅改成的“私己厅”，所以形制比较特别。它只有一座大厅，厅前是院落，没有廊庑。正门外又是一个院落，进深很浅，只有3.2米，像个巷子。它的右前方，即白虎位，有一个前门，开间与进深都是一间。前门的正面，对外，是雕砖门脸。进了雕砖门，人处门斗之中，上有屋顶，右转，是斗栱重叠的一对木檐柱，它对着狭窄的前院。正门则里外两面都是雕砖门脸，这种做法叫“双门头”。三个雕砖门脸的构图不同，从外往里，一个比一个丰富复杂，面对大厅的一个，即正门里面那个，最有气势，左右砖垛很厚重，斜角作八字，正脊两端飞扬飘动，檐下设两层“枋子”，枋子间的花板上有四幅“开光”，开光里雕八仙故事，全是极精致的圆雕。文与堂不大，而有这样多层次的华丽的入口，显得很别致。文与堂是一座私己厅，属季分滋树堂房派。这一房善于经商，比较富裕。在温州开设丰集堂药店的，就属文与堂一支。这大约是文与堂多设雕砖门脸的一个原因。

文与堂左侧有夹道，从前院的底端左拐进去，也有一个小小的、然而精致素雅的磨砖门。夹道的外侧是住宅。文与堂本来是一幢“前厅后堂楼”式的住宅，后来以前厅为私己厅，后面的“三间两搭厢”部分隔出仍为住宅，向夹道开门。它后面和左侧又各有一座“三间两搭厢”的宅院。所以，文与堂和这些住宅间的结构关系很明显，本来是以祖屋为核心的团块，变成了以私己厅为核心。

4.友于堂

位于下塘边上的友于堂原来也是一座私宅，后来成了进士第，再后成了房祠。它造于乾隆年间。三间两搭厢，两层楼。不过尺度比普通住宅大一些。外观也与住宅相同。在平洁的墙面上做典雅的磨砖门脸。友于堂的主要特点是它的木雕特别精致华美。牛腿上雕狮子，玲珑透剔，刀法极细。两厢的天花板上，四角雕卷草，中央圆形图案里是龙凤呈祥。天井前墙的内侧有金鼓架，在它的腰枋上雕着三幅三国故事的高浮雕。它们在本村是绝无仅有的。龙凤这样的题材，完全违反制度，虽进士第按例也不该采用，不知为什么这位诸葛仪进士有如此胆量。大约“天高皇帝远”也是原因之一。太平天国时也遭到一些破坏，但不严重。

5.崇行堂

崇行堂（行堂厅）的正立面是牌楼式的，在白色粉壁上做磨砖的仿木构牌楼，三开间。崇行堂的两侧还各有一条夹弄，弄门口与三间牌楼统一成一幅五开间的构图。康熙三十五年（1696），孟分的诸葛琪殿试获捷，敕赐文林郎，为诸葛村第一位进士，派中将宗祠正立面改为今式。明间的两道枋子间镶“乡会两魁”四个字。枋子上雕刻狮子滚绣球等，是近于圆雕的高浮雕，雕得通透。但整体构图布局很松散。左右两个弄门口都有匾额，刻的分别是“东林”“西园”。夹弄的外侧是格式化的住宅。以祠堂为团块中心。崇行堂牌楼上的雕刻，虽然生动活泼，却完全不符合它们所在的枋子的结构逻辑，个体的尺度太大，雕得太高太透，整体构图布局零散。

6.崇信堂

大公堂前面右侧，钟塘西岸，有孟分的崇信堂。正面是朴实的木结构门屋。它的平面有特点，就是在祀厅后面，与大公堂相同，有一间方形的拜厅。它的左右也有小小的天井叫“日月井”。后檐左右也各有四棵柱子，组成一簇。这座拜厅的天花也采用名为“葫芦结顶”的攒尖式藻井。与大公堂不同的是，拜厅有后檐墙，过墙门就进入供奉神主的寝室。寝室是单坡顶，由前向后披下，所以前半部有夹楼。方形拜厅的做法，和四棵一簇的柱子，据乡人传说，是有高官的宗族的祠堂才能有的，大公堂作为诸葛亮的纪念堂当然可以这样做，崇信堂也用这种做法，大约因为它是孟分长房的宗祠。

崇信堂隔钟塘正对一条从丞相祠堂过来的笔直的巷子，叫白酒坊。据风水术的说法，巷子相当于河流，宋代王伋《地理新书》说：“水直来流向者，为子孙诛灭。”《阳宅会心集》也说：“立门前，不宜见街口。”因此，在钟塘东岸造了一堵照壁，挡住了巷口。照壁产生了很好的景观效果，从巷子过来，初时不能见到钟塘，直到出了巷口，绕过照壁，才忽然看见一鉴清水，倒映着参参差差的粉壁，耀眼地亮，穿着青紫红绿鲜色衣裙的妇女们蹲在岸边浣洗，融进盛开的芙蓉花里，仿佛给池塘镶了一道花边。

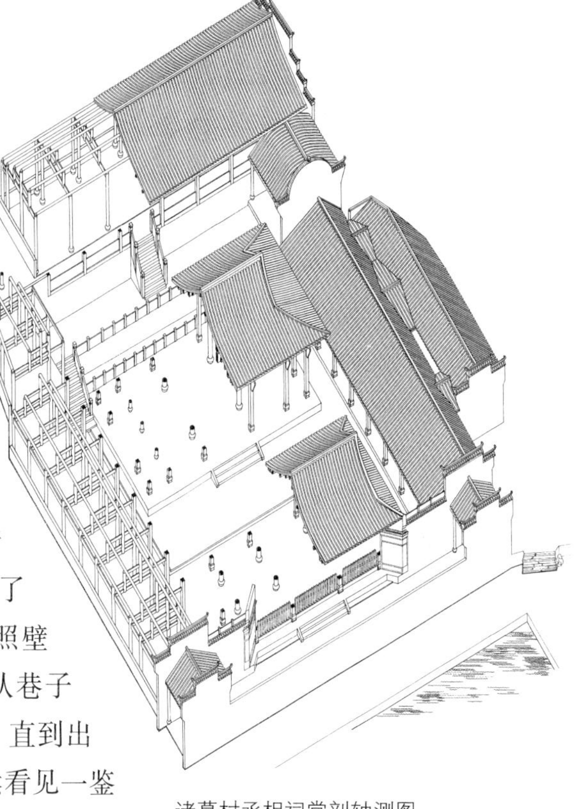

诸葛村丞相祠堂剖轴测图

崇信堂也曾被太平军焚毁，直到1927年才重新整顿，1929年重建。后来后半部又坍塌，1986年重建。重建时未恢复寝室和戏楼，方形拜厅也被取消而与祀厅连成一幢。

香火堂如燕贻堂、敦复堂、三荣堂（龙头厅）等由住宅转化而来，形制完全与普通住宅一样。

作为农耕时代宗族制度下最庄重的礼制建筑，宗祠追求的是肃穆的纪念性，所以各地的宗祠形制变化不大，但诸葛一村，大小宗祠的形制却颇多变化，殊不常见。

住宅

美哉轮，美哉奂

1.农、商之家

诸葛村由于出外经商的人多，经济富裕，在明清两代建造了许多精致的住宅。它们鳞次栉比，形成村落的绝大部分。1947年修订重编的《高隆诸葛氏宗谱》说：“清代康、雍、乾三朝，村落内精致的大厦有二百多座，两进、三进、五进的厅堂共有十八处。”估计那时有三百户、两千人左右。太平天国时期，村子遭到很大的破坏，事平之后，恢复很快，保存到现在的传统民居仍有两百多座。

这批住宅的基本形制与相邻的浙西、皖南、赣北的民居大致相同，都是封闭内向的小天井院落，但它们有自己很大的特色：小木装修玲珑细巧，但比较有节制；大木梁架精美雅致，但雕饰有度，仍以素面为主。它们因此显得很大气，很敦实，艺术上更敏感。

当然，诸葛村的住宅不可能不反映村民的社会分化。1947年《高隆诸葛氏宗谱》里的《重建中庭记》说：

族属数百家，人民几千口。上则高楼大厦，前层后进，画栋雕梁；中则三间两厢，厨房柴所；下则数椽茅屋，亦可栖身。

不过，贫困人家的茅屋，当初大都散布在村落的边缘，有一些则依傍大宅的外墙，更穷苦的人家，寻求宗法关系的庇护，住到宗祠里。但这些都并不影响村落基本部分的结构布局，因此在社会条件变化之后，没有留下什么痕迹。①

像浙西、皖南、赣北一样，构成村落基本部分的住宅，有很大一部分是明代以来经商人家建造的。这些住宅适应着商人们的生活方式，反映着他们的文化品位，形成了一些显著的特点。随着商人文化的地位逐渐加强，这些特点扩散到社会各阶层的住宅里去，甚至波及纯农业地区。到太平天国战乱之后，它们成了乡土建筑典型风格中占主导地位的部分。

住宅是基本的生活资料，是社会生活安定的保障，所谓“有恒产者有恒心”，所以宗族很关心族众的住宅之有无。1947年的《高隆诸葛氏宗谱·卷之首》的“家规”里说：“凡祖遗房屋、坟茔、山塘、田地等业，势豪不得霸占，贫户不得侵损。其可租赁者，必须禀明族长，立札交租。倘有恃玩者，以灭祖论。”房产的管理，是社会管理的重要内容，非常严厉。

2.演变

从文字资料看，大概明代下半叶，诸葛村的住宅还很朴素，而且传统的耕读文化对自然、对田园、对乡野生活的热爱还在住宅建筑中有很鲜明的反映。明代正德初年，诸葛文在诸葛村（时名高隆村）筑了一座“西轩”，当时诸葛渊写了《西轩杂咏》诗五首，下举其三首：

其一：“小构先人旧草庐，白云堆里卜幽居。竹床萝影闲敲局，花牖风香细著书。”

---

① 20世纪50年代初土地改革时，贫苦人家在地主富农住宅里分到一两间房间居住，茅屋被弃，久而消失。

其二：“叠嶂重阴路欲迷，数间茅屋足栖迟。人如严子滩头过，景似王维画里移。”

其三：“数椽斗室隐林泉，伴侣云山不纪年。明月清风闲宰相，纶巾羽扇散神仙。”

（光绪《兰溪县志》）

诗里反复说到草庐、茅屋、斗室，虽然未必完全合乎实际，但至少比较简朴。更重要的是标榜着一种价值观，就是珍重萧散高雅的精神生活，与自然亲切地和谐相处，而并不追求精致豪奢。

这种生活态度和文化取向，在当时是普遍的。明代陆可教在一个距诸葛村十余里的纯孝乡筑楼山别墅，自咏：

散帙聊凭减客愁，垂帘永日小斋幽；
屧从东郭先生曳，榻为南州孺子留。
墙短恐妨秋树色，窗虚不碍白云流；
也知寂寞还吾道，青琐生门自五侯。

（光绪《兰溪县志》）

“墙短”“窗虚”两句，至少说明他并不喜欢封闭内向的住宅而更喜欢与大自然亲近。

清代初年，大戏剧家李渔在距诸葛村十余里的太平乡伊山头村筑伊山别业，赋诗说：

山麓新开一草堂，容身小屋及肩墙；
闲云护榻成高卧，静鸟依人学坐忘。
酒在邻家呼即至，果生当面看犹尝；
高朋若肯间相蹈，趁我苔痕未满廊。

（光绪《兰溪县志》）

屋小墙低，与云鸟相亲；左邻右舍，有无相济，呼酒乞茶，如同家人；朋友几天不来，廊下便会长满青苔。

诸葛村在明代有一些经营药材致富的人仍旧恪守儒家的文化传统。如诸葛南轩，“富而好礼，尚气节，崇礼义……勉族训后，必以勤俭”。他慷慨捐祀田，修族墓，资助族人读书应试，邻县建德新叶村人叶一清给他写墓志铭说：“若彼栋宇之亢于宗，阡陌之联于野，马牛臧获之蕃滋于除厩，非惟不足书，虽书亦莫之能究。”（见1947年《高隆诸葛氏宗谱》）直截了当地表示瞧不起营构豪华住宅的人。

大贡元诸葛绳飞，是清代咸丰、同治年间的人，以贩药而积巨财，但他“润屋只以庇身……墉壁藩篱，勿愆绳尺”（1947年宗谱《恭祝大贡元绳飞叔祖大人七秩寿序》）。

但是，商业经济既然萌芽，就一定会有相应的文化意识，而且一定会反映在住宅建筑上。早在明代中叶，诸葛良弼造了一幢缵业堂，漳浦吴原写长诗一首祝贺，有句：“筑室连百堵，燕翼期绵延……眼前幸突兀，轮奂惊巍然。”（见1947年《高隆诸葛氏宗谱》）这座房子的规模和风格跟西轩、伊山别业等形成了强烈的对照。

经过太平天国战乱之后，世风大变，以致光绪《兰溪县志·风俗》里说：

> 燹后市廛复兴，商贾云集，买卖易于取利，愈增浮费，致饰外观，城居土著，不免相沿成风。

《高隆诸葛氏宗谱》里有一篇写于同治七年（1868）的《恭祝诸葛鹤亭大兄大人四旬初度》（祝书云撰）的文篇，描写这位寿翁构筑的住宅“风飘翠羽，日丽华堂……美哉轮，美哉奂！”文篇大事炫耀住宅的堂皇富丽，文化取向完全不同了。

3.堡垒与监狱

外出经营药材的人，把积攒的钱带回故乡营造房屋，正是萌芽阶段的商业经济受到传统宗法制度的束缚，这现象同样见于皖南（徽商）和晋中（晋商）。同那两处一样，诸葛村人因农田匮乏不足以维持，被迫外出谋生，但族中祠下为了稳定宗族关系，规定，凡外出的人，一不许携带家眷，二不许在外纳妾。因此，经商所得的余利，自然都不得不带回家乡，准备“叶落归根”。但家乡人多地少，难以广置田产。[①]于是这些钱就用来大兴土木，住宅越造越考究，终至于美轮美奂。在文化传统的束缚下，商业资本转化为消费性的住宅建设，是大不利于经济发展的事，却造成了住宅建筑的一时繁荣。

当时社会情况下，富裕人家需要安全，因此住宅除了有各种防盗设施外，形制也终于十分封闭，四周以高高的砖墙包围，住宅成了保护财富的堡垒，一片死寂。那种“酒在邻家呼即至，果生当面看犹尝”的温暖亲情没有了，代之以警惕的防范；那种“墙短恐妨秋树色，窗虚不碍白云流”的潇洒风韵也没有了，断然把天地自然拒于门外。

极度封闭的住宅的另一个意义是：它是妇女的监狱，外出经商的人，或者出去当药工的人，按行规，每年只有52天假期可以回家团聚。因此，那些在外面未必守规矩的商人们却对留守在家的妇女严加防范。传统的封建家礼本来就着意禁锢妇女，广泛流传的《女儿经》甚至说：“为甚事，缠了足？不因好看如弓曲，恐她轻走出房门，千缠万裹来拘束。”而在“商人重利轻别离”的情况下，这种禁锢就更变本加厉了。1947年《宗谱》的《诸葛氏家规》有条：“凡男女须别内外，非五十以上不得授受交谈。若男子宴饮，亦不得接谢内人。妇人不得门前探望并市贸货物，犯者责及其夫。”《宗谱》里有不少贞妇烈女的传记，其中《邵氏贞妇传》说，邵氏十九岁守寡，“平居不妄发一言，不妄行一

---

① 诸葛村在20世纪50年代土地改革时，地主很少。收租谷五百担以上的只有两家。而且有些人所买地在百里以外，终生未尝一见，甚至收不回租谷。

步……吉凶庆吊之礼，妯娌往来之仪，绝不干与。以是族属胜衣以上，莫有睹其形，闻其声者”。她生了病不肯延医，怕医生看到她的手。四十岁就一头白发，传记说：“方今春秋五十有奇，形容枯槁，殆身存而心死者，方古柏舟何以过焉。”这种监狱式的住宅，很容易造就身存心死的妇女。耆老传闻，类似的故事还不少。

在徽帮和晋帮商人的故乡，皖南和晋中，住宅也是极其封闭的，它们与诸葛村的住宅一样，既是妇女的堡垒，又是妇女的监狱。这几处也都是贞节牌坊很多的地方，尤其是皖南，有诗说：“深巷重门人不见，道旁犹自说程朱。”[①]在道旁说程朱的正是那些石头牌坊。

此外，这种以砖墙封护的住宅在建筑密度很高的聚落里，用地比较紧凑，而且砖质高墙利于隔火，这正是它被称作“封火墙”的原因。

基本形制与风格

1.家与住宅

作为独立的经济单位正是家的基本特征之一，那么，大体可以说，诸葛村是一家一幢住宅。明代以来，中国人的家大都是核心式小家庭，明初洪武二十四年（1391），《黄册》记载平均每户5.68口；《大清一统志》记载，嘉庆十七年（1812），十四省户口普查，每户平均5.33口。据光绪《兰溪县志》，每户平均人口也大致如此。风水典籍《黄帝宅经》说，“宅有五虚，令人贫耗”。第一虚就是“宅大人少”，显得空旷，所以，诸葛村的住宅，一般规模都不大，所谓“三间两厢，自成结构，足为上雨旁风之庇”就行了。（1947年宗谱《重建宗祠阖启》）不过，毕竟是有些人家从商之后，广积资财，仆佣较多，又有主管、长工，所以“高楼大厦，美轮美奂，足以耀观瞻者抑复不少”（同上）。

双亲核心家庭人口逐渐增多，到男儿长成，家长归天，就要析产

① 程朱，指程颢、程颐和朱熹，宋代理学家。

分炊，重新形成几个不大的核心家庭。家庭的这种发展，在住宅建筑上有两种主要的反映：第一种是，家长为男儿起造住宅，大多是“三间两搭厢”的前后串联，中间有墙横断，不过先时那横断墙中央有门，两院相合如同一幢大住宅，到分家之后，堵死这个中门，前后就各自独立成了小住宅，如雍睦路28号。也有一幢“对合”和一幢“三间两搭厢”串联的，如樟坞路7号。新开路52号则是三座“三间两搭厢”串联的。少数是左右并列的，如行堂路8号、新道路47—50号。这类准备将来分开的“大”宅，各个单元的独立性很强，可以有自己的出入口和附属房屋。真正的三进两明堂式的大型住宅不多，例如雍睦堂前面的“五世同堂”、新开路81号和信堂路13号等。第二种是，常常在小宗祠、私己厅或老祖屋附近建造家庭的新宅，积年形成团块结构。有些小宗祠，如滋树堂和日新堂，有些私己厅，如文与堂和春晖堂，左右巷道外侧住宅整齐，是经过规划的团块。组合式大宅和住宅团块的进一步发育往往是随机的，有时通过买卖，因此比较乱，但住宅依血缘关系而聚集则是一般原则。风水典籍《阳宅十书·论宅内形》说：“十家八家同一聚，同出同门同一处。”就是说的这种聚落中的家族住宅集团。

2.礼与住宅

汉代荀悦在《申鉴·政体》里说“天下之本在家”，家是宗法社会的细胞。它的功能不仅仅是生儿育女和从事经济活动。它是一个向后代灌输思想规范和行为规范的地方，甚至是维护宗法社会制度的礼法的直接执行者。所以，宋代司马光的《涑水家仪·居家杂仪》说：“凡为家长，必谨守礼法，以御众子弟及家众。”明代徐三重也在《明善全编·家则》里说：“家长当谨守礼法，不得妄为，至公无私，不得偏向，又须以至诚待下，常存平恕。”住宅是家庭实现这种社会文化功能的场所，明代中叶，诸葛良弼造成大型住宅缵业堂，漳浦吴原题诗祝贺，有句：“下足聚吾属，上足祀吾先；庭训肃义方，弟兄奉周旋。”反映在住宅的形式上，当然就要求端正、严谨，从而要求对称，所以朱熹注《诗·小雅·斯干》中的“如跂斯翼，如矢斯棘”说：“言其大势严正，如人之棘立，而其恭翼翼也；其廉隅整饬，如矢之急而直也。”

在这个对称布局的正中央，是最重要的堂屋。宋人编的《事物纪原》说：“堂，当也，当正阳之屋；堂，明也，言明礼义之所。”它是宗法制度的象征，在诸葛村，这间堂屋前檐廊明间中央或太师壁上方悬一块匾，写着堂号，这堂号就是住宅甚至家族的名称，如缵业堂、承启堂、敦复堂等，都有教化意义。日后祖宅改为私己厅、众厅等之后，就以这些堂号为房派的名称。

遵循明、清两代的规定，庶民之家不得超过三间，[①]所以堂屋左右各只有一间，为卧室，再辅以两厢各一间。前面形成小小的天井，这就是诸葛村最基本的住宅形制：三间两搭厢。上面有楼，通常只作储藏之用。

但这种小型住宅没有层次，太浅露，家长在全宅中央的堂屋里会亲友，主管和佣仆在堂屋办事，妇女没有回避的余地，也就是内外难分。而宋代司马光在《涑水家仪》里却建议：“凡为宫室，必辨内外，深宫固门。”区分内外的是“中门”，妇女不得出，男仆不得入。诸葛村外出经商的人长年不回家，更加要严防内外，于是，有一些住宅就考虑到把堂屋的一部分外向性功能分出来，放在另外的空间里进行，这样就产生了“厅”。

厅的形制是三开间，通敞而且高爽。两个中榀抬梁式梁架和两个边榀川斗式梁架都很华丽，用月梁，略呈弧形，做精致的雕饰。柱子做梭柱[②]，四壁镶木质的樘板，家具陈设十分堂皇。会宾客、设家宴、主管办事，都在这个很气派的厅里。这是一个炫耀财富、享受豪奢生活的场所。

---

① 建文四年（1402）《申明》，见《古今图书集成》787册7页。

② 最大直径大约在高1.755米处，底部直径小2—3厘米，顶端直径小4—4.5厘米，如佰堂路72号，金柱在1.73米处直径为37.6厘米，底径35.7厘米，顶端（3.85米高）直径33.4厘米。檐柱高1.73米处直径26.4厘米，底径24.8厘米，顶端直径22.8厘米。

3.基本形制

诸葛村的住宅一般包括两个部分：一是正屋、两厢、天井等核心部分，堂堂正正；二是附属的厨房、柴房、畜舍、鸡棚、后院、花园等。住宅的基本形制就指核心部分的格局。

（1）三间两搭厢。这是小型住宅，最大量的，多为两层。正屋三间，两厢各一间，当中为天井。开间面阔大多为3.5—4.5米。进深九檩，大约5.2—6.5米。厢房进深小于正屋次间面阔约0.9米，它的檐檩架在正屋次间檐檩上，避开中榀梁架。这样天井大致可以和堂屋同宽。堂屋前檐没有装修，完全敞开，正屋前有两步宽的檐廊，大约1.25—1.4米，最宽有2米的。堂屋和檐廊的空间直接与天井融合，略微觉得宽松一些。堂屋和廊下，满地铺方砖。堂屋的后金柱之间设太师壁，太师壁前置长条的“杠几”，杠几前放八仙桌，桌左右各有一把太师椅。堂屋左右各置三把椅子和两个茶几。靠前半间的中央置合欢桌。有的人家人口少，合欢桌便拆开分置于前檐廊下左右次间窗前。太师壁的上面挂堂号的匾。杠几中央常供近祖的神主，根据《礼记》“君子之泽五世而斩”的话，家中所供的近祖不出五世。五世以上的神主供在宗祠里。神主两侧是烛台、掸瓶之类，前面则是香炉。也有人家平日不供神主，只在年节从宗祠迎回来。新年期间或者五世以内近祖的冥诞、忌日，在杠几前设祭。经商的或者开作坊的，常在太师壁上一角设一个财神爷的神龛，镂雕精细，红漆描金，香火不绝。

堂屋是家的象征，兄弟分炊，一定要新居有了堂屋才算独立成家。风水典籍《阳宅十书·论宅内形》说：

> 造屋从来有次第，先外及内起自堂。若还造门堂不造，屋未成时要分张。堂屋终须不结果，少年寡妇受凄惶。若还造厅堂不造，客胜主人招官防。中堂无主失中馈，钱财耗散有祸殃。光造两廊不造堂，儿曹争斗不可当。公婆父母禁不住，兄

弟各路行别方。

堂屋的重要性被夸张成了迷信，一种拜物教。

房屋的平面尺寸也有“放生”，重要的是明间后檐的开间尺寸要大于前檐，因此，厅堂的平面其实是梯形的。《阳宅十书·论宅外形第一》说：“前狭后宽居之稳，富贵平安旺子孙，资财广有人口吉，金珠财宝满家门。”又说：“前宽后狭似棺形，住宅四时不安宁，资财破尽人口死，悲啼呻吟有叹声。”三开间的厅堂，后檐只比前檐宽出4—5厘米，很容易在砌山墙的时候调整掩饰。

正屋的次间是卧室，前壁在前金柱位置，后壁在后檐柱位置，进深大，而采光只有前壁中央一个双扇的槛窗，开向“四尺弄”，即檐廊在正房次间和厢房山墙之间的那一段。[①]卧室的光线很暗，通风更差，虽然有地板和吸壁樘板，仍然潮湿，所以人们白天不进卧室，起居和家务都在廊檐下。因此廊檐重美观，顶上做卷棚轩，又柔和又精致。

廊檐下是最富有生活情趣的场所。老人闲坐纳凉，摇着蒲扇打瞌睡。姑娘握着初洗的秀发，对着通常放在廊下的金红雕花面盆架上的小镜子梳妆。燕子像闪电一样穿来穿去，堂屋梁上有它们的巢。

正屋和两厢都有楼层。楼梯通常都在正屋太师壁背后，少数的在一侧的次间之外再加一个一米多宽的楼梯弄。楼板很简陋，楼上夏季炎热，冬季酷寒，只用作储藏废旧杂物，满是蛛网尘土，但总有一只粮柜，能存几十担谷。人口太多的家庭，也有在楼上支床睡人的。楼上前檐往往有“坐窗”，即窗台板向外挑出四五十厘米，有的在挑出的窗台板外沿装板壁和格扇窗，有的仍在内沿装板壁和窗，却在外沿装一排玲珑的栏杆，很有装饰效果。窗台板的挑出，是依靠下面檐柱上的牛腿支架。这几个牛腿和它两侧的替木是最华丽的构件。有少数住宅，厢房楼上也做坐窗。另一种做法是在上下楼层之间设腰檐，腰檐的上缘就在楼

① 卧室内有木质恭桶。有些人家把恭桶放在“四尺弄”。厕所就是粪坑、粪缸，多在户外沿路。

上的窗槛位置，檐柱柱头上有牛腿支承它的挑檐枋。也有既不做坐窗也不做腰檐的。

天井很狭窄，大约只有3—4米宽，1.5—2米进深，甚至有进深不及1.4米的。铺条石，缘边有水沟。家家都有两只大水缸，或者有砖砌的水池，储满雨水，缸内池内养几条鱼。院内常常陈设几盆常绿植物，也有陈设盆景的，山石上长着茂盛的金丝荷叶和苔藓，点缀小小的陶瓷制的亭台楼阁或者多宝塔。在与世隔绝的封闭的住宅内部，只有它们稍稍安慰一下人们对自然的渴望。

诸葛村里，质量稍好一点的三间两搭厢住宅，偶有“金鼓架”。金鼓架就是贴在天井前墙内侧的一副进深很小的三开间的木构架，只有两棵檐柱，尽间的梁、枋外端搭到左、右厢房的檐柱上，连成一体。最简单的金鼓架，就是在柱头架檩枋，用斜撑支承挑檐枋，上面铺窄窄的一条瓦檐，一般比较低，并不与两厢的檐口交圈。最复杂的，比较高，瓦檐接连厢房檐口再与正屋前檐装修交圈。行堂路8号的金鼓架也像正屋一样挑出一排玲珑的栏杆，栏杆下有华丽的牛腿、替木等，檐下甚至有斗栱。这种金鼓架很高，檐口也与正屋和两厢交圈。

金鼓架的功用是，第一，支持天井前的那片墙，增强它的稳定性。住宅的外墙都是只起围护作用的空斗墙，在其余三面都有“牵子”与木结构拉接，而三间两搭厢式住宅天井前面这堵墙，高高的，却很孤单，容易倾倒，所以造这样一副金鼓架，用牵子把前墙拉住。没有金鼓架的，必定在墙上部做大面积的透空漏窗，减轻墙的重量，降低它的重心，以求稳定。同时也可以改善住宅内部的采光和通风。当采用最简单的金鼓架时，架子较矮，也有在它披檐之上再开漏窗的。第二，住宅内沿外墙内侧都顺柱列设吸壁樘板，既整洁又防盗。质量较好的住宅，连天井前这面墙也要设樘板，就用金鼓架做它们的框架。第三，它很有装饰作用。比较复杂的，柱头上有牛腿，它们的雕刻题材与堂屋前檐柱柱头上的配套，如“福、禄、寿、禧”，“渔、樵、耕、读”，或者八仙之类。下塘路的友于堂，原为进士第，就在金鼓架柱子的中腰架很宽的枋子，刻三国故事，每间一幅，人物众多，场面壮阔。第四，依照风水堪舆的说法，用金鼓架的披檐向天井排水，造成了天井“四水归堂”的格局，风水术以水代表财气，说这样就能“聚气”，房主人会发财。

三间两搭厢的住宅，凡没有金鼓架的，大多在厢房开宅门，或在正面，或在侧面，门头上的披檐雨罩，有小枋子伸进墙来，固定在厢房的木结构上。凡有金鼓架的，必在正面中央开宅门，门上的披檐雨罩就有枋子伸进墙来，由金鼓架支承并稳定，这就是金鼓架的第五个功用了。没有金鼓架的，大多正面墙上不开宅门，除了因为没有支撑披檐门罩的构造外，还因为这样的墙垣本来稳定性就差，再开门洞就更弱了。

三间两搭厢是小型住宅，房间不多，所以厢房一般不敞开，在一侧厢房开宅门，另一侧厢房装修成小间，或为卧室，或为书斋。如在正面中处开宅门，则两厢都可能装修成小间，在四尺弄开房门。但它们的板壁都可以拆卸，遇到红白喜事的时候，拆掉它们，空间就和檐廊、堂屋、天井连成一片了。

（2）三间两搭厢加楼上厅。这是三间两搭厢的小变体，不过是把乱堆杂物的楼层正房改成富丽堂皇的三开间大厅，并加大层高。两个中榀抬梁式梁架和两个边榀穿斗式梁架用料考究，装饰化处理十分精美，用月梁、猫梁，甚至上承斗栱。除了梁托、替木等变成装饰性构件之外，檩子、枋子上也往往富有雕刻。月梁则在两端刻锋利的“龙须”（或称“虾须”），衬托出月梁的柔和、丰盈与弹性。更讲究的，前檐也做一溜卷棚轩，如长寿路15号。厅中央前部地面凸起一个台子，叫作“坪基”，据说是宴会时候供乡间艺人弹唱用的。由于这台子的凸起，楼下檐廊上就产生了一个抬高的空间，这里正好安装堂匾。所以也有人说这块凸起本来就是为了下面好挂匾。

楼上厅前檐或者全面用格扇槛窗，或者部分为板壁、部分为格扇槛窗。它位于高处，遮挡少，所以很明亮，甚至可能有直射的阳光。推窗前望，天井前墙上部的漏窗处于逆光之下，明暗对比强烈，图案鲜明，极富画意。

为了给楼上厅防寒，楼上厅屋面在椽上瓦下先铺一层望砖，当地叫“避砖”。地板常用双层木板，甚至有三层的，板子侧面开槽榫，公母式或高低式，泼水不漏。楼上厅缘外墙也装吸壁槛板，以求整洁、美观并保暖。

凡有楼上厅的三间两搭厢住宅，楼上厅的主要用途是交谊宾客，所以都在厢房外侧设楼梯弄，为了方便安全，楼梯宽而平缓。有些住宅有左右两个楼梯弄，甚至有很宽敞的一个楼梯间，如旧市路53号。这些楼梯弄或楼梯间，都靠近宅门，外人进门直接登楼，不干扰内眷。信堂路83号的楼梯在次间后面，这是因为外人走宅子的后门。

（3）对合。对合就是四合院，因为形制好像两个三间两搭厢对面相接，所以叫对合。它的正屋叫上房，天井前建倒座三间，叫下房。跟北方四合院不同，它是密闭的“口”字形的，两厢连接前后屋，大都只有一间。这间厢房通常没有装修，完全敞开。多数的对合式住宅从下房正中开门，明间成了门厅，门厅被四扇槛门横向隔断成前后间，平素开靠边的一扇，避免外人一进门就看到上房堂屋，也是为了区分内外。有隆重仪式时或其他必要时才开中央两扇甚至卸下全部四扇。风水术士说，门厅开间要小于上房堂屋的，这样，门厅有槛门，上房堂屋有太师壁，二者平面构成一个“昌”字，有利于发家。门厅开间大了其实也是浪费。

住宅要求前低后高，称为“步步高”。所以选址时要纵轴线垂直于等高线。这样就不免有前后几幢住宅首尾相接，于是，有些对合必须从侧面入口，宅门就建在厢房，以厢房为门厅。这种对合，正房和下房都有堂屋，正屋的叫上中堂，对面下房的叫下中堂。

对合式的住宅，多了几间房间，因此厢房大多不做装修，全部敞开，作为多功能的起居场所。它们与上下房的堂屋和檐廊一起，围绕天井，形成一个连续的、室内室外融合的空间，比较爽朗。有少数几家，如雍睦路14号，厢房为两开间，这空间就更加畅快。务农人家在这里做些农活。[①]

---

① 经商人家并不完全脱离农业。一般都有田产，出租一部分，由家人或雇工种一部分。

如果不做楼上厅，则楼上仍然只作储藏之用，外檐做法与三间两搭厢的相同，楼梯也是或在堂屋的太师壁之后，或在专设的楼梯弄。

随着房基地的长短不同，住宅的平面会有点变化。房基地短一点的，虽然后进正屋的进深不变，下房的进深却有变化，浅的只有两米多，形同一条廊子。地基比较长的，有些对合式住宅，从下房向前又有两个搭厢，再形成一个小天井。

诸葛村还有几幢五开间的对合式住宅，僭越逾矩，于例不合。如竹花坞4号、旧市路49号、义泰巷3号等。

（4）对合加楼上厅。这是对合式的变体，以正屋楼上为大厅，也用作客厅。前后都有楼梯弄，其中一个楼梯为仆人所用。楼梯当然也更平缓宽敞，如雍睦路14号。楼上的外檐装修比一般的对合式更华丽，常常全面用格扇窗。坐窗下的牛腿等也更复杂，四面交圈。

（5）前厅后堂楼。这种形制比对合式更讲究，需要更大的房基地。它的格局是，前进为落地大厅，单层，后进为三间两搭厢，有楼。因为厅堂坐落在地上，所以更加高敞宏阔，很有气派，大厅前也可有左右两厢和天井。前厅后堂楼虽然局面大，但房间并不多。所以，要有些添加，如紧靠在大公堂后面的信堂路72号，左右各有一个三间两搭厢的侧院，面向中央，为吸壁天井。又如竹花坞6号，在最前面做一进倒座，一共三进。

竹花坞6号，三进房子的屋脊，从前到后一个比一个高，叫作“连升三级（脊）”。信堂路72号虽然没有第一进倒座，但迎着大厅在天井前墙做了一个宽阔的苏式磨砖影壁，上面也有脊，仍然形成“连升三级”。

这种前厅后堂楼，内眷只在堂楼活动，男性宾客及男仆只到大厅为止，比起楼上厅来，内外之别就更加严格了。

（6）三进两明堂。这是诸葛村住宅中最大的一种，现存的数量不多，大约只有五六座，以雍睦堂前的“五世同堂”和新开路51号两幢保存得最完整。三进都有楼。“五世同堂”由正面中央入门，轴线贯通前后。新开路的一幢，因为最前面的一进之前又加了两搭厢，所以实际有

竹花坞6号住宅大门

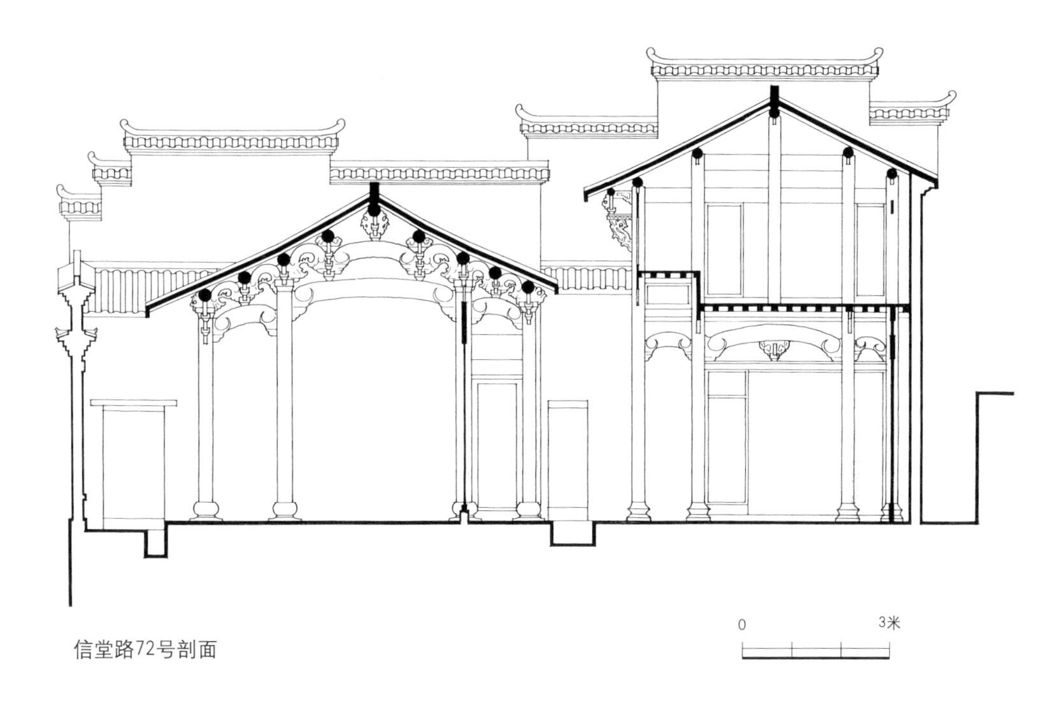

信堂路72号剖面

三个明堂（天井）。虽然前后可以穿通，但每进都在左侧有自己的门，从厢房或四尺弄进入，便于日后分家析产。正式的堂屋在第二进，它的前檐廊有卷棚轩，第三进楼上是大厅，不过后面没有檐步，只有七檩，进深稍小一点。三进两明堂的住宅，往往可分为一个对合接一个三间两搭厢，如樟坞路7号，它靠边有一条夹弄，连接前后，这种布局，显然也是考虑到儿孙将来便于分家。为了同样理由，这种大宅常有前后两个楼上厅。

（7）三间两搭厢的串联。考虑到儿孙分家的一种常见的大型住宅是把两个或者三个三间两搭厢的房子串联起来。与新开路51号三进两明堂不同的是，几进房子规格一样。例如，雍睦路28号，前后两进都有楼上厅，信堂路100号则都没有楼上厅。

长寿路15号和信堂路83号都是后进有楼上厅，不过格局仍然是前后两进可分可合。

信堂路8号则是左右并列两个三间两搭厢，一模一样，是兄弟二人

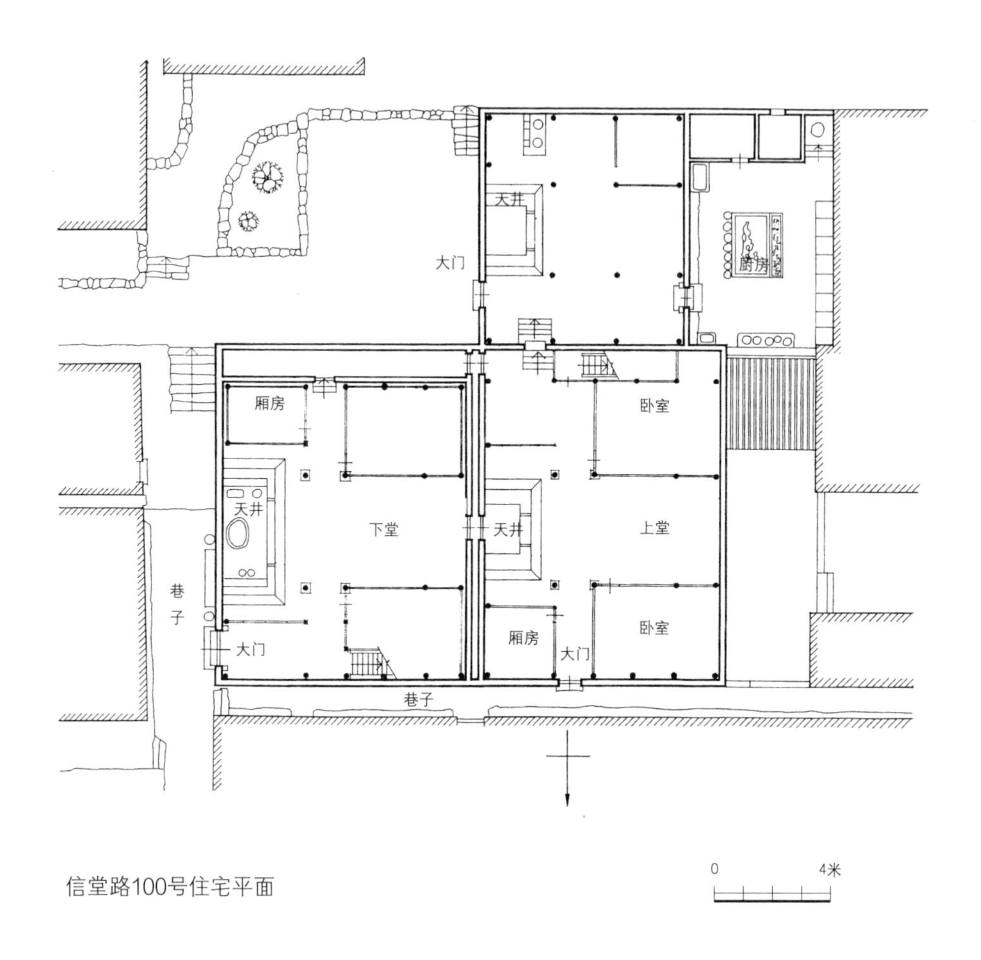

信堂路100号住宅平面

合建而分居的。

（8）变体。村里还有许多非典型的住宅。其中大多数，以厅为主要的变化因素。如义泰巷3号，天一堂诸葛源生家老屋，两个大厅形成对合，侧面又是一个五开间的堂楼对合，两部分并列，各有出入大门。

有些变体是由地形造成的。因地而建，不拘形制，多有巧思。

家庭增多，住宅逐渐发育为大型的住宅组合，组合的单元仍不出这些基本形制。

4.附属用房

基本形制指的是住宅的核心部分，这部分方方正正，格局严谨，程式清楚。但是，只有这一部分，住宅的功能是不齐全的。还要有厨房、粮仓、柴草房、猪圈、鸡舍、院落、花园等才能满足生活必需。大户人家还要有谷仓、佣仆住房、账房和客房。附属用房承担着农村住宅的绝大部分功能。所以，只有核心部分、没有附属用房而外形为整整齐齐的长方块的住宅很不合用，风水堪舆则把它附会为“凶宅”，叫“棺材屋”，是要避免的。旧市路上因地块限制而有一座，早已封闭不用。

诸葛村地形复杂，街巷曲折，每户的房基地都不可能是方整的。在不规则的地块上造住宅，先在它上面划出核心部分的用地，剩下歪歪扭扭的边边角角就造附属用房和留作院落。所以，附属房屋既没有一定的形状，也没有一定的面积和一定的位置，完全随宜而造，填满这块房基地。附属房屋大多是单层，常常占地很大，有与主体占地相当甚至超过的。有些大型住宅，其实主体并不大，而是附属房屋面积大，质量高，如大公堂后身的信堂路72号，中央是一座大型的前厅后堂楼，它的左右各有一个横向的三间两搭厢作杂用，右侧前方还有一大间门厅。

住宅主体的程式化程度很高，所以，建筑设计的匠心，如功能的处理、地形的调适，倒多在附属用房的安排中。突出的例子是钟塘南岸的信堂路3—6号。它坐南朝北，门前有一个高高的贴墙长台阶。在它的东北角进门，是一大间门厅，在厅里上七步台阶，往里直走进入大厅。从门厅往右转弯，则是一排八间附属用房，有主管工作的账房、佣仆卧室和杂务房间。从这八间前的天井可以分别直接进入主体的第二进和第三进，不必经过大厅。[①]在主体的南侧，是厨房、柴火房和猪圈等，有后门通向山坡。这座住宅的功能分区和相互联系很合理。同样在功能布局上做很合理变化的还有丞相祠堂旁边的信堂路35号。

附属用房的布局和外形无拘无束地顺随地段和地势，与主体的关系也比较自由，所以它们造成住宅体形的大变化，对村落建筑景观的参差错落、转侧生姿起着重要的作用，在很大程度上掩盖了核心部分外形千篇一律的高度模式化。或许正因为如此，村人把只有正屋没有大大小小

① 在旧日，除了直接服务以外，佣仆不得与宾客相见。

上方塘住宅

附属的功能性房子的住宅叫作“棺材屋”，不吉利。用这种迷信来保持村子的活泼美丽，避免村景单调枯燥。

附属房屋中最重要的自然是厨房。它的面积一般都很宽大，50平方米以上的很常见，如樟坞路7号，厨房竟是一套三间两厢。不过，厨房其实是多用途的，除了做饭用餐之外，还要磨豆腐、磨粉、做年糕、酿酒、制酱、腌菜、煮猪饲料等，有些农事也在厨房里做。雇工人家，或者季节性换工的人家，还要在厨房里供他们进餐。所以在厨房里进行着农村日常生活的大部分活动。

厨房里有一个大柴火灶，一般长135厘米，宽80厘米，高85厘米，至少有大小两口锅和一只汤罐。烟道和油盐架形成几级台子，最后是一截高两米多的烟囱贴着外墙，台子上有龛供灶王爷像，号称“东厨司命”，对联大多写着“上天言好事；下地保平安”。像前有香炉和烛台。每一口锅有一个火眼，一条长木凳给烧火人坐，凳子后面便是柴堆，柴火房在院子里。厨房里还有水缸、年糕缸、酱缸、咸菜缸和米缸。偶然

钟塘南岸住宅

也可见到有些人家在厨房里安一盘磨。粮柜却在正屋楼上，大户人家另有专门的粮仓。餐具有专用的柜子。为防老鼠糟害，鱼、肉和熟菜熟饭用绳子吊在梁上，悬在半空里。[①]

厨房大多连着院子，院子大小不定，种一点蔬菜、几棵果树，院子边上搭猪圈、鸡舍和柴禾房。有不少人家还有不小的鹿房。诸葛村人经营药业，主要是收购、加工、销售，自己并不种植中药，但养鹿取茸和配制全鹿丸，所以村里多鹿房。这类院子通常在住宅的侧面或后面。有些在住宅前面的院子，如雍睦路35号、长寿路15号、樟坞路33号等，就干净整齐，有花有树，近于花园了。

① 平日养猫驱鼠，到了年节，供桌上荤腥多了，就得把猫也关起来。有一种特别的猫笼，本是一张很考究的单人凳子，在四条腿上钉上木条，底面加一块板就成了。做工很精细，有提拉式的门和喂食的盘子。大概这种“请君入瓮”的措施很有幽默感罢，猫笼就做在凳子下部，四条腿之间，故意有点滑稽。

5.地形与住宅应变

诸葛村的大部分住宅造在起伏的山坡上，但住宅的核心部分必须方正整齐，轴线对称，保持封闭内向的一定模式，所以它们对地形变化的适应能力并不强，通常需要改造地形，把房基地修整成几个标高层。大的地形变化，在街巷上调适。

住宅一定要前低后高，这是首要的原则。风水典籍《阳宅十书·论宅外形》说："前高后下，绝无门户；后高前下，多足牛马。"又说："前高后低，必败门户；后高前低，居之大吉。"前低后高是一条重要的原则，所以住宅纵轴必垂直于等高线，从前到后，逐进升高，叫作"坐满朝空""步步高"，全村几乎没有一户例外。因此沿等高线走的街巷边，居上手位的住宅大多在正面开门，垂直于等高线的小巷边的住宅，多从侧面厢房进门。

第二个原则是，如果住宅和街巷之间的高差很大，进宅的台阶必须设在宅门之内，也就是在私有的房基地里，不允许占用公共的街巷。否则，街巷必然会被阻断堵死。看来，旧时对住宅建设有过一些约定俗成的规范，由宗祠管理，大家都遵守着。

房基地比街巷高得多的时候，多半为住宅设一个大门厅，在门厅里造十来步台阶。义泰巷进上塘的路口上的旧轿行，分两段设台阶，把第一段末的一层台地用作厨房，台阶几乎占了一半以上的房基地。信堂路3—6号的入口十步大台阶与住宅的轴线相垂直，所以内部有个空间转折，向右转过去之后，才是三进的大住宅。信堂路60号的门厅里七级大台阶则与住宅的纵轴线平行，二者是并列的。另一种处理高差的方式是在门前自家的地段里设台阶，如信堂路11号和长寿路7号。前者的十一步台阶与正面的外墙平行，而且台阶外侧又有随高就低的照壁式矮墙，墙上甚至有漏窗，装饰性很强，立面也有了层次。后者的台阶在院门的门斗里，有十级，上了台阶，是大约4米宽的夹道，两侧有墙，4.15米长的夹道尽头是个水池，有石板围起。在池前向右转，再走4米，左手边就是宅门，进门是一座对合式房子。这个入口的方式本来是为给被邻居挡在背后的住宅辟一个直接通向小路的过道，但设计极具匠心，变化很有趣味，又保持了深处住宅的安静。

住宅内部前后的高差，都靠各进房屋前檐下的台阶衔接。如信堂路3—6号，第二进前有台阶四步，第三进前有七步。信堂路83号，后进比前进高四步台阶，台明前沿有石栏板。住宅的核心部分，高差不能太大，房基地地形变化过大时，便把高差放在附属房与核心部分之间。如雍睦路28号造在一个陡坡下，前后两进都有楼上厅，它的厨房等附属用房在左侧陡坡上，地坪高差略多于半层，从它前院的楼梯半途转折处有几步台阶横出，通向厨房的侧门。宅门前的巷子向北登上山坡，层层台阶，厨房的外门就开在台阶之上。它后面一进的厨房也在高坡上。信堂路59号前后街巷高差正好相当于一层房子，前门正常地由底层入宅，后门则直抵厨房的楼上。有一些人家利用类似的地形建谷仓，如诸葛绍贤家，谷仓在住宅的左侧，一个断坎之下，与住屋的高差正好是一层。谷子入仓的时候，从住屋地面打开谷仓顶板上一个方孔的盖子，从上面倾灌下去，节省许多劳力。平常取用量不大，没有什么不方便，如果需要大量取用，可以用滑轮。①

6.住宅外观

诸葛村典型住宅单体外形的模式化程度也很高。一座三间两搭厢的房子，四面是砖墙。正面两端高起作两级马头墙，是两厢的前山墙。因为厢房都是单坡顶，向中央排水，这两端的马头墙只有向中央的叠落，而且因为两厢背后的外墙必须略高于厢房单坡屋面的上缘，所以墙头很高，常在八米左右。侧面的后部有两级马头墙，是正屋的山墙。正屋房顶为前后两面坡，所以后墙露出瓦檐，以利排后坡的水。住宅正面中央的照墙墙头最低，如果墙内侧没有金鼓架或者金鼓架比较低，就会在这

① 一般人家，在楼上用粮柜储谷。租谷多的人家才用谷仓，称为落地仓。仓房内仍有谷箱，大小近于一间房，底下架空约30厘米。谷箱前壁有小门，启开后谷子自动流出。

一段墙的上部开三个花砖漏窗，对天井和堂屋的采光通风都有利，尤其有利于楼上厅。尚礼堂后的旧市路82号，在中央大漏窗当心塑了一条活泼泼的大鲤鱼，给楼上厅生色不少。

对合式的住宅，侧面有前后两组马头墙，是前后两进正厅的山墙，正立面和背立面很单调，露出瓦檐排水。

这些住宅，外观上几乎只有墙垣，屋顶只隐约可见而已。四面墙都抹一层白石灰，只有大门有一点变化。据万历《休宁县志》，皖南的住宅外墙抹白灰，“垣既随庐，不得不峻，畏水易圮，涂白垩以御雨，非能费材而饰也”。抹这层白石灰是为了保护墙垣，并非为了花钱装饰，不过它的装饰效果也是很好的，经几场风雨，有霉有苔，有烟有土，带一点黄、一点灰、一点绿，阳光下，粉墙明亮得神采奕奕，但又闪出丰富的温暖颜色，使它们并不单调刺眼。檐头镶着青瓦的勾头瓦和滴水瓦形成的花边，给粉墙以有力的结束，它们还勾画出马头墙的轮廓，跌宕跳跃，非常活泼，产生有节律的运动感。马头墙在转角处挑出墀头，墀头的做法很多，有花篮形的，有神龛式的，等等。最有乡土气息的，是用白灰塑出一条鲜活的鲤鱼或老母鸡。

墙面很封闭，一般没有窗。偶然在作为储藏之用的楼上和附属用房的墙上开些小窗洞。窗洞大多是圆形的或者正多边形的，也有些对外廓做装饰性的处理，如作花瓣形、仙桃形。这种窗洞的历史可以上溯很早，《礼记·儒行》里说：“儒有一亩之宫，环堵之室，筚门，圭窬，蓬户，瓮牖。”据注，瓮牖一解圆洞窗，二解以败瓮为牖，诸葛村的洞窗，大约就是这种“瓮牖”，注解所述两种都有。这种窗洞普遍用于浙西、皖南和赣北。

封闭的住宅，唯一能突破它外观单调沉闷的是宅门。宅门通常有两种做法，一种是木构披檐，一种是苏砖门头。竹花坞、钟塘东岸和旧市路，各有一个华丽的八字门，比较少见。

木披檐有带柱子的，有不带柱子的，为了防止倾覆，都把挑檐枋子后尾伸进墙内，或者简单地用垫板和簪子锁住，或者安装在金鼓架上。

由厢房开门的头，披檐的挑檐枋子后尾都与厢房的木构架连接。新道路49号的门头披檐，枋子后尾伸进墙内，穿过一个短柱，被楼板梁压住，形成一个很巧妙的杠杆结构。

披檐的木构架有比较简洁的，也有很华丽的，简洁的披檐，以非常明快的结构逻辑与极其和谐的比例显出工匠高超的技艺。华丽的披檐，有雕刻精致的牛腿、斗栱、月梁、替木等，如大经堂前下塘路65号的侧门，斗栱多是装饰化了的，层层挑出昂嘴，做细巧的卷曲。牛腿的外形和雕饰题材很多，简单一点的，以“S”形卷草为题材做浮雕；复杂的，做高浮雕、透雕甚至多层透雕，有神话和戏曲场景，亭台楼阁里人物众多。新道路51号近邻某宅门头披檐的一对牛腿上雕着狮子滚绣球，绣球镂空，狮子披一身浓密的卷毛，工艺十分精巧。下塘路65号侧门的木构披檐虽然极其华丽复杂，但背衬着大片素净平板的粉墙，并不显得过分繁缛。有许多木构披檐不做牛腿，而用略呈弧形的壶嘴形斜撑来支承挑檐枋，这种斜撑上细下粗，上方下圆，两侧微微作弧面。它们大面上不做雕饰，但沿边缘刻线脚，到下端浑圆处变成几片反弯的卷草叶，轮廓锐利明确，称为“壶嘴撑”或“鹅项撑”。这些卷草叶把斜撑衬托得十分饱满有弹性，而且整体上的粗与细、方与圆、刚与柔、线与面等的对比变化十分丰富而又有节制，显见得乡土匠师的艺术感觉很敏锐精细，品位很典雅。

苏砖门头据说是在苏州制造，经水路运到新桥头，然后用人力运到诸葛村的。这是商品经济发展的结果。最早的可能是乾隆年间建造的滋树堂。苏砖门头也是由简到繁变化很多，简单的不过几层线脚挑出窄窄的一条檐子。复杂的仿出木结构来，有柱、枋、华板，甚至有小巧的斗栱。华板上做一幅幅的人物故事雕刻，大多是圆雕与浮雕相结合。枋子等处常刻“寿字不到头”或者“万字不到头”的图案，企盼长生和发财。最华丽的苏砖门头有春晖堂的（长寿路42号）、信堂路53号的和83号的。春晖堂本来是进士第，所以门额上横书“荷宠凝庥”，上面还有“恩荣”竖匾一方。一般人家只在门额上刻四个吉祥字，也有刻“耕读传家”的，如旧市路4号。新道路3号的文与堂和信堂路35号有“双门头”，就是一道门的内外两面都做苏砖门头，互不相同。苏砖门头不如木披檐那样有层次，有虚实，有色彩，但更舒畅明朗，也显得细巧高雅。

几乎所有住宅的外门，在大门扇外，门框里都装着两扇矮门，高约一米，叫“腰门”。[①]白天，大门打开，关着矮门，一方面可以通风采光，另一方面又拦住鸡、猪。门里门外，人们问早道晚，婶子大妈们递过一支新笋、半篮桑葚。在封闭狭窄的街巷里，它们向两侧延拓了空间，并且以富有人情味的生活气息缓解了街巷的沉闷。矮门大多是空格心的，玲珑透剔，轻快又花巧。门洞上方，低于门楣大约30厘米的位置，凭空有一道纤秀的月梁，曲线柔和，做一些浅浮雕，与矮门呼应，完成了门洞的构图。大户人家，大门扇包着防火攻的铁皮，钉着泡钉，在铁皮门扇外面，再用通高的格扇代替矮门。这格扇本来专为装饰，所以就做得极其华丽。细木棂格子间嵌着花朵、蝴蝶、蝙蝠、寿字等雕饰。最具有诸葛村商人文化气息的是常常见到嵌着以钱串子为题材的雕饰，下半截花板上则刻着聚宝盆。但为了加强防御，格扇背后钉一层木板，格心并不透空。这两扇花门在大白天也关着，显示它们的美，同时也透出大户人家带一点自炫的骄矜气，与乡亲们保持一点冷冷的距离。

门洞宽度略大于1.3米，按风水术师的鲁班尺，正是“迎福”。家家户户都有门联，贴在两片门扇正中。靠近中缝的位置，又贴一对窄而短的副联。副联很简单，常见的是“开门大吉，出入有喜”这样不拘平仄的颂祷。门联则讲究对仗，有些是传统的老套，如“不须着意求佳境；自有奇逢应早春”，“天然深秀檐前松柏；自在流行槛外云山”，“闲观春水心无虑；坐听松涛气自豪”，还多少有点书卷气。有一位中医，住在新道路的新导院旁。因为每年元宵灯会，龙灯都要在新导院舞一番，

① 故老传说，这矮门叫“鞑子门”，是元代时才有的。那时每户都有一名蒙古兵驻扎，经常在家里胡作非为，所以居民装矮门扇以代替全门扇，使屋内情况可于屋外见到，减少蒙古兵作恶的机会。另一种说法是蒙古兵装了矮门，他们在屋里胡作非为时关上矮门，屋主人就不敢回家了。

所以他家的门联是：“门对盘龙新导院；家藏医虎旧单方”。这一类门联制作考究，是永久性的。但作为诸葛村特色的是大量的炫财祈富的大红春联，从旧历年前贴到年后，如“春到百花香满地；财来万事喜临门”，“户纳东西南北财；门迎春夏秋冬福”，它们鲜明地标示出诸葛村走向商业化的历史性发展。不幸有丧事，则门联第一年为蓝色，第二、三年为绿色，内容常见的有：“慈竹当风空有影；晚萱经雨仍留芳”，“径扫丹枫皆丧礼；门临白马尽佳宾”。门联下方，门钹外侧，家家都必贴一对胖胖的元宝，是金银纸剪的，在元宝形轮廓里剪出喜鹊登枝之类的镂空图样，这是诸葛村商业文化的特色，未曾见于他处。

门框的两侧抱柱上，各挂一只木雕的葫芦形或花瓶形香插，大约只有10厘米高，它的正面刻各种图案，但正中必有一枚古老钱。抱框上还有一对木雕的桃子，扁扁的，大约5—6厘米长，正钉在矮门扇的边梃的上方。门扇是用铁轴挂在抱框上的铁环里的，往上一端就可以取下，这两只桃子的功用就是阻挡把矮门扇往上端，以防被人偷走，因为它们雕饰很精。村人把这对桃子叫“桃符”，未必合古意。

此外，外门上还有一些季节性的装饰。例如，清明节插柳枝，用以招亲魂和拒野鬼。宋吴自牧《梦粱录》记载：“清明日家家插柳于门上，名曰明根。”正所谓：“杨柳清明艳，家门映春辉。”端午节则在门上挂蒲剑、艾虎，以辟虫祛病，并在门楣上贴午时符，为宽宽的黄色纸条，上用朱砂画八卦图。午时符两侧有小联一副，书“艾旗迎百福；蒲剑斩千邪”之类。有些人家会在门扇上贴木刻钟馗像，用以“驱鬼”。秋收时节，则在门楣上挂稻穗，以谢丰年。

诸葛村的住宅除了典型的核心部分之外都有附属用房和院落、花园等，所以，一般不可能见到核心部分的体形完整地、单纯地呈现出来，而只能见到它的一面、两面或者局部，不过，正是这些随宜赋形、不拘一格的附属建筑，轮廓活泼多变，对打破住宅体形单调，造成村落景观的变化，起了决定的作用。起同样作用的还有诸葛村的地形，一是住宅要上坡下坎，高高低低，二是住宅朝向不能一律。地形变化常常造成住宅很优美地起伏的侧立面。例如，义泰巷29号往上的一段、樟坞路中段的某宅、雍睦路28号和钟塘沿岸等。

像皖南、浙西许多地方一样，诸葛村内向型的住宅只靠天井通风采光，在建筑密度比较高的区段里，一幢挨着一幢，外墙连绵，没有间隙。住宅的单体不见了，住宅失去了个性，只靠一个个木的或者砖的门头标示出各家各户，这样两列连绵不辍的墙夹出一条条街巷，见到的只有巷子而没有个别的住宅，村子好像是由巷子组成的而不是由房子组成的，如雍睦路中段和义泰巷。好在由于地形复杂，诸葛村里这样的巷子不可能很多，也不可能很长，它们倒对村景起了调节作用。而且，也还能见到一些比较完整的单体立面，如尚礼堂北侧的一条短巷里的旧市路74号等连续三幢住宅都呈现出自己的立面。尤其是全村最高点天门上雍睦路17号，它的轮廓在天一堂花园里望去很清晰，成为一幅层层叠着粉墙青瓦的壮阔画面的顶峰。

住宅，不论什么形制，如果没有厨房、柴房、畜舍、鸡棚之类的附属房屋，它的核心部分一定是方正对称的，也一定是很不利于实用的。因此，这种实际问题就得到一种观念性的说法，说的是：方方正正的住宅像棺材，很不利于房主人，叫“棺材屋”。诸葛村旧市路有这样一栋房子，传说主家遭遇很凶，长期空荒下来了。

7.住宅内部造型

诸葛村住宅内部的艺术加工，主要在大木构架，重点在大厅的梁架。大厅梁架的装饰化处理，一是采用微呈弧形的月梁和梭柱，二是有“猫梁”，三是梁托和雀替的雕刻，四是梁、檩底面的浮雕。

月梁比较厚重，断面的高厚比近于1∶1。[①]弧线柔和流畅，两端收煞比较急，上缘曲线环绕到底下，经浑圆的梁头再反弯回去，在饱满而有弹性的梁头侧面刻出深深的凹槽。凹槽是双钩的，中央有一道尖锐的棱，槽边也很锋利。凹槽灵动而流畅，由阔变窄，终于尖细，仿佛把匠

① 浙江永嘉楠溪江流域的月梁断面高厚比2∶1至3∶1。曲线也更轻盈。

师刀刃轻捷的飞走都表现出来了。这道锋利尖锐的环形沟槽叫“龙须”或称“虾须”，似乎是不大的一点装饰，却使整个饱满的月梁都显得挺拔有力，避免了处处都是圆弧的形体可能产生的肥软感，却又强化了圆弧形体的柔和妩媚。雍睦路28号的楼上厅，沿月梁下缘的边棱刻一道窄窄的轮廓鲜明的线脚衬托出月梁的浑厚，克服了它的笨重，更见精心。

梁的侧面是素的，不做雕饰，偶然可见到在中央有一个不大的开光盒子。

在月梁上方，瓜柱之间的空隙里，有一种环形的雕刻化了的构件，有眼有鼻，叫作“猫梁”①。它多少起一点斜向构件的作用，增加瓜柱的稳定性，而瓜柱上端的坐斗仰承着檩子，所以当地匠师叫这种结构为“猫捧斗”。这些猫梁卷曲着，蕴藏着伸张的弹力，首尾相贯，仿佛一浪一浪地向上冲激，造成极强的运动感，然而它们又并没有压倒浑厚的月梁的主导地位，所以梁架仍然保持着明晰的结构逻辑。长寿路15号、旧市路82—88号、雍睦路28号和14号（承启堂）、信堂路83号的楼上厅以及信堂路72号的落地大厅，这样的大木梁架都极其优美。

楼上厅前檐的卷棚轩是大木作的华彩部分。长寿路15号的卷棚轩，四个猫梁两两相对在弓形椽子下组成非常饱满、非常圆润的构图。新开路83号堂屋前的卷棚轩也很优美。这些大木梁架在工艺上和艺术上达到了很高的水平。

除了梁垫和替木饰满雕刻外，如信堂路83号和雍睦路14号的楼上厅的檩子，底面也雕刻密布，大多是丰盈的花朵，而脊檩则在底面中央做狮子滚绣球镂空高浮雕，向两头飘出宛转屈伸的绶带。

堂屋多在楼下，见不到中榀梁架，不过大木也还是很讲究。高级的做法是没有栋柱，在前后明柱（金柱）间的主楼板梁之下，再做一道微呈弧形十分雅致的月梁，它们之间有两块或三块垫木，雕刻成荷叶状或瓶花状。梁两端有梁托，雕刻精致。次楼板梁有的很方整，下缘两个边棱做线脚，甚至在底面做浅浮雕装饰。一般的做法是有栋柱而不做月

① 也有匠师叫它“猫拱背”，更贴切它的环形。

梁。雍睦路14号南屋的下中堂里，前后明柱和栋柱上端都有一尊圆雕，后明柱和栋柱上的分别是“诗”“书”“礼”“乐”四个主题，前明柱上的则是“福”和“禄”，都以端坐着的人物为题材，配上背景和陈设等。它们的构图十分饱满，主次分明，雕镂非常细致。

如果楼上有坐窗或栏杆挑出，或者挑出腰檐，则楼下檐柱上就有承托的牛腿等，成为内部装饰的重点。对合式的住宅，前后进明间檐柱上四个牛腿的雕刻题材通常是“福、禄、寿、禧”，八仙、和合二仙之类，也有狮子滚绣球、金鸡牡丹、丹凤朝阳等。四个牛腿上各刻一个字，合成“竹苞松茂”“燕翼贻谋”之类吉祥或教化词。如果是三间两搭厢，就在金鼓架的中央两棵柱子上做牛腿，与正屋的配成四个。没有金鼓架，就在厢房贴前墙的檐柱上做牛腿，朝向与正屋的互相垂直，一起也是四个。

虽然木构富于雕饰细节，但柱、梁的大面都浑然不做任何雕饰，显得力量充沛，结构逻辑清晰，没有烦琐纤弱的感觉。

小木装修主要是格扇窗，除了大户人家大门上装饰性的格扇门之外，内部极少格扇门。格扇窗大多用在楼上，通常连续围绕天井一周，如义泰巷3号。不过三间两搭厢的，厢房在中央用两爿格扇，正屋在明间用四爿，其余部分装板壁。也有的在明间设三樘窗，互相用板壁间隔开，中央四扇，两侧各两扇。楼下正屋次间向“四尺弄”开一个双扇槛窗，厢房大多是一个双扇槛窗，少数是六扇槛窗占满整个开间。格心的图案以常见的题材为多，少数在中央做葫芦、团扇、金瓜等仿形的“开光”。格心之下有一块花板，这是重点雕刻的地方，它们和格心开光的雕刻常用的题材有“琴棋书画”“笔墨纸砚”“暗八仙”，以及“渭滨垂钓”“三顾茅庐”等历史故事。作为商人文化特点的，是有“聚宝盆”“刘海戏金蟾”之类，刘海手提长长的钱串，且歌且舞，兴高采烈。

次间卧室的门大多开向堂屋，门上有一块亮子，做很细巧的花格，对堂屋有很强的装饰作用。

柱础有两类，一类是简单的石鼓，另一类是复合的，下有覆盆（或称磉盘），上作束腰六角墩，雕饰丰富，大多有锦袱，高约40—50厘米。这种复合柱础多用在堂屋的两棵前明柱和前檐柱下。大公堂附近的住宅里常见，[①]以旧市路49号的比较精致。

天井面积很小，一般宽不过4米，纵深只有一两米。天井里最重要的是水缸，在余隙里放置些盆栽，村民们也爱做些盆景。墙高，天小，天井可能终年没有阳光，这种住宅跟自然隔绝得很彻底，到了夏季，正午时分，天井上方还要遮一道天棚，把直射下来的阳光挡住，虽然只不过几小时。这几个小时里，主要的是防御阳光的辐射热，而不是通风散热。张挂天棚的机括装在中堂和金鼓架的柱子上。

正面不开门也没有金鼓架的三间两搭厢，在天井前墙照壁上常墨书一个福、禄、寿三合一的大大的喜兴“福”字。

8.花园

诸葛村住宅的天井小，所得阳光少，盆栽又不易茂盛。为弥补这个缺陷，大户人家住宅，多有庭院花园。庭院中种植树木、放置盆景花卉，也会有瑶池灵山之想。花园则规模要大一些，除竹树花草外，还有亭台楼阁，奇崖曲流。诸葛村的园林是建筑群的重要组成部分，构成村落景观的基本因素。有文字记载或相关资料佐证的，或有遗址可考的庭园主要有西轩、且园、西园、天一堂花园、明德堂花园、文与堂花园等，其他还有一些傍住宅而建的规模一般的院落。

（1）西轩

据《高隆诸葛氏宗谱》（1947年编修）记载，西轩为诸葛村最早的私家园林，是明代的诸葛文郁（1476—1536）所建。诸葛文郁，字盛之，不仅精于诗文，而且擅长丹青，隐居不仕。他热爱乡野田园生活，仰仗先人数代经营中药业积攒的财富，于明正德初年（1505年前后），在村中建了西轩，广贮古籍，吟风弄月，钓鱼听鸟，作画制灯。有诗集名《西轩集》。园林中花树茂密，清幽雅致，借景、掇山、理水、引

① 据调查所得有13家。

泉，方法巧妙，布局优美，充分展现了造园艺术的精美。明代永康籍的徐御史为他写过一篇《赞云山清隐序》，其中说道：“兰有隐君子诸葛盛之者……耽嗜诗书，不求闻达，于所居岘山之西筑室一楹，名曰西轩，储以典坟，树以花草，优游晏息，日与青山白云相为主宾，寓隐意焉，一方高士也。”村中读书人常来聚会，论文赋诗，文郁集为《云山清隐》一册。诸葛渊（1466—1529）有诗数首，咏西轩园林清幽雅致、花香四溢、古趣盎然的美景，摘录二首：

《赠西轩》：“武侯云裔著芳声，结屋林间了此生。流水一湾巢父志，清风半榻伯夷情。香烧柏子烟初度，琴弄梅花月正明。只恐蒲轮门外到，重重云影锁蓬瀛。”

《西轩杂咏》：“小构先人旧草庐，白云堆里卜幽居。竹床萝影闲敲局，花牖风香细著书。”

园中有净娟亭一座，文郁自题诗：

懒去从龙叩远岑，依岩触石最幽沉；
四时湿气常凝树，十里晴涛欲作霖。
怡悦自成宏景趣，萧疏重继子陵心；
客来问及余生计，只合敲诗与鼓琴。

（2）且园

且园位于村子西部，坐落在季分派次厅绪新堂后，“问稼轩”以东，为季分后裔私家庭园。花园面积不大，从现存遗址看，只有一亩左右。花园地址较高，从绪新堂往上走有石阶十余步，最高处称“亭上”，可见，此处曾有过亭台之类的建筑。且园建于何时已无翔实文字记载。它和绪新堂一道毁于太平天国战火。现存遗址为村民菜园，上面还有残砖碎瓦及墙脚基石和假山石等。

（3）西园

西园位于诸葛村西部，坐落在季分派次级宗厅滋树堂后，它附近的厅、塘、井、山、田皆因花园而得名或改名。村民惯称滋树堂为花园厅，旁边的甘塘名为花园塘，塘边的井叫花园井，花园西侧的山坡和田畈，原来叫西畈，也改称为花园后。

西园建于清代中叶，据光绪《兰溪县志·古迹》载：

> 西园，在太平乡高隆镇，国朝乾隆十六年（1751）里人诸葛履法建。是岁荒歉，履法取以役代赈意建。越四年丁亥，浙抚熊公学鹏（之）寿昌城，经高隆，驻节是园，为书“滋树堂”三字以颜其额。园之广仅二亩，叠石为山，栽以竹，号曰�山，上有小亭二，一方一圆，左右错峙，其下石皆嵌空，可纳凉，名曰雪洞，有径曲折，达于亭所。洞之外有池，架石为梁，梁作三折波。有牡丹亭、玉兰房。又造船屋，仿船式为之，每当花晨月夕，延客觞咏其中，令人作张融舟居非水之想。园壁镌诸葛湘所撰《西园赋》，写作俱佳。

可见，西园虽面积不大，却是一座景美如画的花园。

西园毁于太平天国战火，由于焚毁严重，村民无力恢复原貌。至民国初年，西园尚残存部分建筑。据年长村民口述，诸葛村的药商巨子天一堂家族在营建天一堂花园时，有部分材料，是从西园迁移去的。天一堂花园现存的集贤亭就从西园移来。西园遗址在20世纪50年代还留存大量的碎砖残瓦和假山石。60年代开荒扩种时，村民为开辟自留地清除了砖瓦和假山石。90年代，西园遗址的部分土地已为新建诸葛小学校舍所用。

（4）天一堂花园

天一堂花园为诸葛村药商巨子天一堂家族的花园，位于诸葛村中央一块土名叫“大柏树下”的高地上，东面是大公堂后身，西面是致和堂后身，是诸葛村现存最大的园林。

天一堂花园建于清末民初，占地面积一千三百多平方米，有回廊、八角亭、集贤亭、叠石山、小桥、龟鳖池、鹿苑和药膳房；有盘虬多姿的古罗汉松和龙柏等，树龄都在二百年以上；有冬青、翠竹、桂花等常青树；还栽培各种乔木、灌木和草本的中药植物，曲径旁还养育各种花卉。从花园最高点俯瞰上塘、下塘，遥望天门，古屋层层叠叠，如鳞似栉，美景尽收眼底。

天一堂家族的住宅致和堂在20世纪50年代至80年代曾是乡镇机关驻地，花园成了干部们的休闲场所，侥幸保存了下来，“文化大革命”中遭到破坏，好多花木被砍伐或枯死，留存的老树木不多。

（5）明德堂花园

明德堂位于祝家坞凹地内，堂的西侧是宗支的私家花园，占地约一亩多。内有小池塘和水井，也有小山坡。如今只剩遗址，但原有的亭台、渔坪、卵石曲径宛然可见遗迹。夯土墙上攀满了薜荔，竹林、香樟、冬青、棕榈、桂花、橘树等依然常绿。深深的野草丛中偶然还可见往日栽种的花卉，也有小块草坪。

（6）文与堂花园

文与堂花园位于旧市路文与堂东侧，花园地基较高，从尚方塘往北向上走二十多步石级可抵园中。南瞰为尚方塘，东眺为行原堂，向北遥望是春晖堂。园子呈长方形，长约25米，阔约20米，占地约500平方米。

文与堂花园为季分派宗支诸葛瑞屏的私园。园内1/4面积植竹，其余部分植有松、柏、冬青等常青树，也种石榴、青枣、橘子、桃子等果树，并兼有凤仙、月季、茉莉、菊花等花卉。墙坎边也留养草药，如何首乌、金锁匙、凤尾草等。

（7）其他庭园

小型花园在诸葛村很多，除了上面所述，还有许许多多傍宅而建的小庭园。这是先祖淡泊遗风、族人重文化修养和家境殷实等因素促成的，反映了诸葛村民的文化素养和生活情趣。

明代中叶，诸葛良弼造了一处“缵业堂”，配有规模不小的花园。

时人漳浦吴原为它写过一首贺诗，其中有这样的诗句：“筑室连百堵，燕翼期绵延……眼前幸突兀，轮奂惊巍然。”

接着，明末，诸葛佐明也在村中建造了“环绿园”。他不慕仕途，以读书自娱，著有诗集，其中有诗作《松磴弹琴》《菊径烹花》《梅窗点易》《钓矶竹月》《石室兰崖》《悬崖飞瀑》等，都以环绿园中的小景为题。

园里还有书轩，他在《自赋书轩杂咏》诗里说：

万绿中藏轩半楹，鹪栖偏觉一枝清。
耽书日向蕉间坐，细听时鸣叶上莺。

《高隆诸葛氏宗谱》(1947年编修)中有一篇《诸葛太封翁晴园先生寿序》，赞扬清代初年的诸葛晴园说：“先生卜居瀫西，闭门拒跃，家储秘籍、石琴、书法、名画，以供清鉴。暇则弹东山之棋，酌北海之樽，染西园之翰墨，聚南国之珍奇。亲鱼鸟，乐林草，艺名花修竹，结古欢于蓬壶福地。”类似于晴园先生的文人雅士，诸葛村民中还有很多。

清代乾嘉年间诸葛村建造了大量的住宅，此时庭园建设也随之大发展。现存的庭园有好多是在那时建造的。长寿路14号住宅，正屋西面有一占地约一亩的庭园，它的南面就是行原堂。园内有竹园，植有香樟、冬青、棕榈、石榴、枇杷等树木，还栽养各种花卉。长寿路17号住宅的南面，有个约300平方米的小园子，一半植竹，还有另一半栽种石榴、青枣、橘子等果树，靠墙的地方养有万年青、兰花、月季等花草。雍睦路33号住宅，外面有一座木结构的雕花门楼，进门又是一座亭式门楼，两侧设疏朗的木栏杆。门楼对面有鱼池、假山、花台，养着金鱼，栽种着凤仙、月季、茉莉、君子兰等四季花卉，点缀着棕榈、冬青等常绿树，还有一个浓荫匝地的葡萄架。信堂路69号住宅，正屋坐东朝西，北面是厨房，过厨房往北就是一个很大的园子，约有三百多平方米。园中植有香樟、冬青、枇杷、橘子、桂花等常绿树，还有竹园，小径旁栽种各种花卉。少数没有条件设置花园的人家，则将天井布置一番，多有叠石假山，假山上长着青苔和金丝荷叶，边上放置万年青、兰花、菊花等盆栽花卉。千斤缸里有水草，出没着金鱼，室内虽然狭小却充满鲜活的情趣，优雅清心。

这种文化传统历久不衰，直到20世纪三四十年代，诸葛村还几乎是家家园林，柳暗花明。其中天一堂诸葛源生家的后花园，位于大公堂背后叫作“大柏树下”的高地上，面积两亩多，有一座集贤亭保存到现在。当年曾雇花匠两名专门种植奇花异草。位于大公堂右侧高地上的诸葛绍贤家，花园里有桂花树和几株参天的常青树，还有四季不凋的花卉，园子中央起小小一个“望月台”，至今遗迹宛然可辨。

这些花园不但对住宅非常重要，提高了居住者的文化品位，而且大大美化了全村的生活环境。诸葛村村落景观的舒畅优美，是和这些花园分不开的。[①]竹花坞一带和“官厅”前面，至今还有浓郁的园林风光。

防水、防火、防盗、抗寒暑

1.防水

诸葛村没有江河泛滥，防水就是防雨水和处理雨水。处理雨水，有三个主要问题：一是屋顶防漏；二是天井（明堂）渍水要排出去；三是因为风水术中把雨水象征财，所以要求“四水归堂”，就是四面的屋顶水都要落到庭院里。

屋顶防漏以瓦面坡顶为最好，草顶其次。诸葛村因为经济状态比较优裕，几乎都用瓦顶。“四水归堂”要求四面屋顶都用单坡。但正房进深大，坡长易漏，所以只好用双坡，前坡长，后坡短。而两厢和倒座或金鼓架的水都要排进天井，屋面和屋檐只能向天井作单坡。但从两厢楼上内部看又是要中央有脊，左右双坡，比较美观，所以厢房外侧一半屋

① 1949年以后，全村花园都荒废了，树木也砍伐殆尽。

顶的木构是双层的，外侧屋面的内层向下倾斜，这个剖面呈三角形的双层部分就叫“乌龟壳”。

雨水从三面或四面屋檐排入天井，天井沿台基边有一圈深沟，叫明堂沟，正好承接檐溜沟里的水，顺势流到一角，不拘青龙白虎，由地漏排入暗沟。在地漏正下方，或者离开一两米，埋一口缸，暗沟水经过缸的时候，把各种杂物沉淀下去，就可防止暗沟被堵死。缸上方地面有盖，住户定期启盖清理这口缸。暗沟水在流出宅基地之前，要有一个曲折，风水堪舆家认为，沟水笔直流得太痛快了，就是“去水无情”，不能“聚气”，主荡产，因为风水术把水比作财。这个曲折往往在门厅里，下面也有沉淀缸。沟和缸都有降温作用，所以炎夏季节门厅是最佳的乘凉处。

三间两搭厢的住宅，如果没有金鼓架，厢房屋面贴风火墙淌下来的水，会顺天井前照壁墙而下，冲刷墙面，因此在这里设落水管。承溜用粗毛竹，劈开，去节，把檐口水引到落水管。落水管是用一节一节专用的陶管接连起来的。陶管大约17厘米见方，里面有5厘米直径的圆腔，两端有阴阳榫。把它们连接着贴前墙从檐口落到明堂沟底，贴地向前做个花式开口排水。在高于排水口1.3米左右的地方，雨水管侧面开一个大约4厘米直径的圆孔，下雨天，向孔里斜插进一根专用的竹管，把水引到大缸里。缸满了，就把竹管卸下或转向，向缸外排水。缸里往往养着金鱼，所以避免水满之后溢出。

这种陶质落水管由来已久，《偃曝谈余》里记载，早在东魏、北齐，就已经有陶筒，“内圆外方，用承檐溜”（《古今图书集成》791册之37页）。劈竹引水也是古已有之，千百年沿用至今。

天井虽小，出檐虽大，但斜风飘雨，仍然会侵及房子。因此，诸葛村比较老一些的住宅，如新道路12—13号、旧市路4号、雍睦路28号和信堂路72号，楼上窗槛以下到下层檐枋，设防雨板。板宽10余厘米不等，竖向密拼，相接处外面钉半圆断面的压缝条。板厚不足1厘米，易于挠曲，上端固定在楼上窗槛，中腰固定在小木楞上，下端固定在楼下檐枋上的一条断面约为6厘米见方的小枋子上，小枋子把木板向外顶出，致使木板弯曲。雨水打到防雨板上，循凹弧形表面下流，落入天井的水沟里。雍睦路28号的防雨板，上缘横向压一列线脚精致的华板，有优美的浮雕。防雨板遇檐柱则围柱而成半圆，华板也顺着成半圆，工艺很细巧。竹花坞7号，大厅檐柱下端的前脸也用约60厘米高的防雨板包起来。[①]

柱子底下用石柱础隔潮；当地雨水多，所以复合式的柱础比较普及，即在柱上加一个数十厘米高的石质柱墩。柱墩式样极多，雕刻精致，是重点装饰的构件。

2.防火

建筑物都是木结构的，且沿内墙面都有吸壁樘板，小户人家又多在楼上堆柴草，所以火灾的危险时时威胁着村民。防火是他们的重要考虑，除了近代由商会公办“水龙会”之外，各家都有措施，有间接的，有直接的。

措施之一是养竹鸡，传说竹鸡会预报火灾，这无异于迷信。竹鸡是笼养的，大户人家，这笼子非常考究，方形，四周为竖向圆木棂，有抽拉的门。笼子里挂细瓷食盘和水杯。笼底两层，便于抽出清洗。笼子油漆得鲜亮，十分喜兴。

措施之二是在天井里用大水缸储水，有的人家，索性可着天井用青石板围一个大方水池，高约70厘米。缸里池里，不敢缺水，雨天从落水管里补充。水面多浮着些金钱莲花之类，叶子下逍遥着游鱼，也给天井带来生气。

措施之三是房屋四面都用砖墙封护起来，屋顶则用马头墙封护，这些砖墙能有效地阻滞火势蔓延。村子里偶然可见到数十年前火灾废墟，木构早已成灰，危墙尚兀立不倒。阻火也是东南各省住宅多封闭内向的重要原因之一。

---

① 挡雨板在皖南也偶有所见。不过都是直面的，未见有凹弧形。

措施之四是大户人家的宅门门扇及门上木过梁，都在外面镶贴方砖。门上的砖约23厘米见方，厚3厘米。木过梁正面镶贴上下两排方砖，底面贴一排。木门扇用3—4厘米宽的角铁做边框，中间45度斜置方砖，在角上钉“泡钉”。也有在砖中央凿孔钉泡钉的。泡钉是手工打制的铁钉，钉帽为直径约2厘米的半球，形如水泡。少数住宅的附属用房外墙上有少量窗子，窗扇也如法贴砖，砖片约14.5厘米见方，厚约2厘米。外门也有用铁皮包护的。这砖的或铁的面层，主要为防火，也可防盗，尤其可防盗匪火烧大宅门。

3.防盗

封护住宅的砖墙都很高，不容易逾越，但都是空斗墙，极容易挖洞，使薄有资产的商人们不能安心。为防穿窬之盗，住宅的核心部分，就是堂屋、卧室、夹弄、两厢等，凡有外墙的，都在里面随柱列装一层樘板。既有整洁之功，也能阻住企图凿墙而入的宵小。樘板并不比砖墙结实，但破坏樘板时所发出的响声比较大，会超过挖墙洞的，所以有利于防卫。附属用房，为降低造价，则沿外墙内侧设木栅栏，叫作“木老虎”，很结实。栅栏的高度不等，常与墙外地坪高度有关，低的1米多，高的直抵梁下，栅栏用直径大约6—7厘米的圆木，竖直排列，间隙在10—15厘米。[①]

新道路51号，用15—20厘米厚的紫砂石板陡砌在外墙内侧，高约2米，用来防盗，也可以防潮。

大门是防盗的重点。门后有门杠，分直杠、横杠两种，谨慎的人家，设三条横杠。甚至有在门后设闸板的，稍简易的则是用门闩。门外挂锁，一种是扣住两个门钹上的门环，另一种是用“箭”，箭是一根铁棍，一端做圈套，一端做扁平的桃叶，在左右门扇上各装有竖向铁圈两枚，箭可在铁圈里水平方向往来抽动，把箭推到适当位置，把它一端的

---

① 据说还有一种暗的木老虎，即把木栅砌在墙体内部，我们调查时未发现。曾见到有木条或竹条水平横置于砖层间的，不知是否也能起防卫作用。

圈套和另一扇门上的两个横向铁圈对齐，插上铁簪子串在一起，再在簪子一端的小环里挂上锁，簪子拔不出来，门就打不开了。

门扇本身也要做防盗处理，这就是在厚厚的门板外包上一层铁皮。铁皮或者是大张整幅的，或者是鳞片状的，也有些鳞片呈如意云头状，用泡钉把铁皮钉牢。泡钉通常排列得疏密有致，甚至排成图案，这种门叫“泡钉门”。门扇背后则钉铁条，作上下两个米字形。铁皮也能起防火的作用。

泡钉门还能对住宅起装饰作用。在素净平板的墙面上，铁皮颜色沉厚温暖，泡钉上挂光、下投影，有体积感，常常排列成如意云头等图案。不过，它们也像堡垒式的高墙一样，给人一种压迫感，一种陌生感，一点点敌意。这种防御性，毕竟会传达出社会的某种不和谐。

4.抗寒暑

诸葛村夏季炎热，冬季严寒。封闭式的住宅，在夏季主要防太阳的辐射热。在中午时段内，住宅底层比较阴凉，外面空气燥热，所以那时住宅要遮阴而不求通风良好，天井上方搭天棚遮挡太阳短短几小时的直射。楼层和沿外墙的樘板都起隔热的作用。

但到冬季，住宅里很冷。除卧室外，堂屋等全部开敞，无法御寒，卧室却又十分阴暗，白昼不宜起居。所以，村民们只好采用局部贴身取暖的办法，不论男女老少，都用手提的火笼：一个不大的陶钵，装进竹篾编的套子里，上面有提梁把儿。陶钵盛上灶膛里的热灰，加上几块已经充分燃烧了的木炭。为防幼儿烧伤，钵口上面盖一个铁丝网。大户人家用铜火笼。幼孩有木质的“站桶”，这是一种上小下大的圆筒，下面有箅子，孩子站在箅子上，箅子下是炭火盆。盆内以热灶灰为主，上面偶有几块红炭，不敢多放、久放。正因为堂屋、檐廊和两厢是敞开的，所以并不怕煤气中毒。

冬季在堂屋或廊下进餐，雪花可以飞到桌上。所以当地习惯吃火锅，通常是红泥小炉，上面架一只铁锅或砂锅。

庙宇及其他公用建筑

诸葛村原有的建筑类型比较多，除了宗祠、住宅以及为商业、手工业的发展所需要的店铺、作坊、典当、客栈、茶馆等之外，还有传统的各种建筑类型，如庙宇、义塾、牌坊、文昌阁、街门、水碓、茧站、桥梁和“枯童塔”[①]等。可惜它们中的绝大多数都和其他许许多多村子一起，在20世纪下半叶前三十年社会剧烈的变动中毁灭了，现在只剩下一座义塾、两处街门和一个枯童塔。

乡土建筑是乡土生活的舞台，乡土生活丰富多彩，只有各种类型建筑的总和才能容纳乡土生活的全部，也只有各种建筑的总和，才有可能写下乡土生活的“编年史”。没有了庙宇和其他一些类型的建筑，甚至很不显眼又很少的建筑，乡土生活的一些重要方面在这部“编年史”里就得不到反映，就易令人认识不完全乡土建筑对乡土生活的适应和塑造作用，也就让人认不全作为乡土生活环境的乡土建筑整体面貌。因此，把仅存于地方志、宗谱和传说中的关于那些已经永远失去了的建筑的资料记录一部分下来，还是很有必要，很有意义的。

① 枯童塔为弃婴尸和病死少儿处。

庙宇

以前，庙宇一共有五座：关帝庙、徐偃王庙、隆丰禅院、幽居庵和翠峰禅寺。关帝庙是水口庙，位于北漏塘的东南角，关锁中水口以“藏风聚气”。其余几座都在村子的西面，近的距村子大约两百米，远的有一里多路。此外，稍远的还有岘山脚下的杨柳庙。

1.隆丰禅院

隆丰禅院是一所佛寺，乡人称为高隆殿，在村子西北，朝东而面向村落，背靠着轮廓柔和的石阜岩。[①]名为高隆市的大路，出村之后，向西北折转，经过隆丰禅院北侧，通往附近盛产石灰的长乐村、里叶村（属建德县）和志棠村（属龙游县）再向南折而达龙游县。

光绪《兰溪县志·寺观》中记：“隆丰禅院，在高隆镇石阜岩下，未详创建，同治年间重修。”明诸葛炜《留友宿寺》诗：

> 几年落月屋梁间，春树云迷秋日闲。
> 不谓扫松临僻径，论文夜半宿禅关。

由诸葛炜的诗可以看出，明代时候，如各地通行的习惯，庙里有客房供村里的文人长期借住，在一片清净里潜心读书，偶然有朋友来通宵论文。庙的前后有松树，一条小径从树下通过。

1947年《高隆诸葛氏宗谱·杂事记要》里有一篇《高隆殿复正门》记载得比《县志》详细：

> 高隆古刹由来久矣，始建何代无从稽考。殿宇森严，历久益彰，谓非神灵显赫之明征乎？庙额昔称庵，又称禅院，大都为僧

① 20世纪50年代被拆除，于旧址建诸葛中学，今仅存残墙一段、地坪及台阶数处、柱础数枚而已。

舍而设。然族之考姥率以高隆殿称，均视为本镇保安庙。庙门由正门改旁门，亦屡易矣……质之塔舆，皆曰正门气聚峰环，貌庄观壮，因依旧址而新建之。（今注：指1947年重修）又以庙额名称不一，因正其名，用殿高隆合镇于磐石之安……

庙的正门对着的“峰”是高隆村西侧的“老鼠山背”，它高不过十来米，丘冈上树木蓊郁，正是滋树堂的“西园”，生气勃勃。

1956年，隆丰禅院房舍被诸葛中学占用，以后在中学的改建和扩建工程中逐步被拆除，今仅存外墙一段。

今人诸葛达[1]先生记隆丰禅院：

门前悬隆丰禅院匾，两侧对联书“石径有尘风自扫；禅门无锁日常关”。进门是一片平地，拾级而上，有供香客游人休息的客堂。客堂院中央为文昌阁，飞檐翼角，祀文昌帝君像。后进有寝室、厨房，为生活用房。南侧有门通菜园，北侧是竹林，林中有僧人瘗骨塔五座。竹林右侧才是庙的中央部分，墙门深红色，门前有一对青石狮子。这部分有三进，头进为关帝殿，殿中端坐关公像，周仓、关平侍立。第二进殿中供真武大帝，两侧有八大天王。从殿后庭院拾级而上，就是最高的观音堂，堂内供观音之像，洁白的神帐上画着墨竹。十八罗汉分列两旁，堂前左有钟楼，右有鼓楼。每当朔望和节日，寺内钟鼓之声传闻数里。再沿北侧小弄下去，可通子孙堂和土地、五谷祠，为全寺最小的建筑。子孙堂是求子息的地方，新婚妇女都要来进香，也有一些久婚不育的妇女来这里祈求。每年二月十九日（农历），观音菩萨生日，朝拜的人络绎不绝。当日门前有卖大饼的，据说吃了这些大饼，一年内都腰膀挺硬有劲。

① 诸葛达，1922年生。20世纪50年代任绍兴中学初中副校长，后返乡任诸葛中学教师。20世纪80年代，主持重修大公堂并创设中药学校，关心乡梓建设。

诸葛达先生的记载与宗谱的记载基本符合。隆丰禅院“大都为僧舍而设”，也就是诸葛达先生所说的进门先是“供香客游人休息的客堂”和后面的“生活用房”。庙宇偏在北侧。庙名虽叫“禅院”，却是一方的“保安庙”，所以供奉着观音菩萨、关公、文昌帝君、土地爷、五谷神、真武大帝、八大天王、十八罗汉，还有个“子孙堂”，敷衍乡土生活的各种需求。[①]这是一座典型的中国民间寺院，它不涉及任何宗教信仰，只有实用主义的迷信。乡人们并不需要抽象的哲理、玄远的思想，他们可以把儒、道、释的各种“圣贤神灵”当作一般的杂神，凑合在一起，再加上其他各种似乎更有灵验、更有专业用处的杂神，形成一个有关生老病死一切祸福吉凶的神谱。这个神谱是开放性的，随时可以扩大，能包容或许可能影响乡民命运的任何神、半神、异人、怪兽甚至一块石头、一棵老树。遍布中国南方各省农村的庙宇，绝大多数是这种纯功利性的“淫祀”。其实即使是佛寺的释迦牟尼和教堂的耶稣基督，在乡人们的眼里也和什么娘娘、什么老爷是一样的。

2.徐偃王庙

徐偃王庙，乡民简称它徐王庙，背靠杨塘山，所以又叫杨塘殿。它位置在村子的西南，隔积庆塘与村子相望。从诸葛村通往另一个诸葛氏聚居点前宅村的大路在它前面转弯。据光绪《兰溪县志·寺观》记载，它曾于光绪七年（1881）重建，为十八社公有。明末村人诸葛思鲤（1552—1606）有诗诵徐偃王庙：

土神应有祀，何独偃王宫。
八骏纵横日，群黎保障功。
碑文历秦汉，炉篆遍西东。
寄语司民牧，人心万古同。

---

① 诸葛达先生说：关公坐像高约3米，真武大帝立像高约5米，八大天将立像高约4米，观音坐像高约4米，十八罗汉像高约1米，其基座高约1.5米。

徐偃王庙在兰溪境内很多，名称不一。兰溪城内有隆兴庙，祀徐王，明洪武年间中书舍人董志忠撰碑："兰境居民，大都祠王为疆域保障之主。"城内又有祀徐王的仁惠庙，明成化年间莆田柯潜撰记："宋己亥年（淳熙六年，1179）创建于城邑小西门内，故岁有水旱则之祷焉，阴阳乖候则之祷焉，疫疠螟蝗则之祷焉。凡祷辄应，有如影响，人实赖之。"（董碑与柯记均见光绪《兰溪县志》）

徐偃王是西周或春秋时徐戎的首领。徐戎在今淮、泗一带。《后汉书·东夷传》说，徐戎"地方五百里，行仁义，人多归之，朝者三十有六国"。后来被楚国打败，周敬王八年（公元前512）被吴国并吞。徐偃王以仁义治国，所以，宋代"绍定中封灵惠慈仁圣济英烈王，妻姜氏协济夫人，子宝宗佑顺侯，宝衡佑德侯，宝明佑泽侯"。同时，"庙食于会稽之太末，及于兰溪"（宋·袁甫：《灵山徐王庙记》）。春秋初年，江浙属徐戎，兰溪曾属太末。后来徐戎后裔有一次向浙江的大迁徙，至今兰溪还以徐氏为第一大姓。所以，徐偃王的祭祀就成了兰溪最重要的祭祀之一。在兰溪的邻县也有一些徐王庙。

元代徐畸记兰溪城内祀徐王的仁惠庙："堂殿巍然，长廊大庑，鬼物图画，足称大神之居，过者莫不胆悚焉。"庙中画着鬼物，大约与徐王庙食太末，管些阴间的事务有关。又据光绪《兰溪县志·寺观》说，县城仁惠庙徐王生日为正月二十，"届期庙中悬灯结彩，演剧，设猪羊品物，请官致祭……焚香罗拜，亦有演剧放灯者（按：《前志》作鳌山，设斋斛，命僧道诵经，今无此）"。这位徐王也给生者以许多欢乐。

诸葛村的徐偃王庙于20世纪50年代初土地改革时分给乡民居住，逐渐被居民拆除而用它的材料另建新屋，现在仅存原庙前古樟树一棵。

诸葛达先生记高隆村徐偃王庙：

> 距门前二十米，左侧有一株古樟，胸径约三米余，为徐王庙醒目的标志。该庙的地势较高，前沿有高约三米的石坎，走上二十来步石级，就见一对一米多高的石狮子，分坐两旁。庙门重

楼翘角，上有竖匾一方，书“徐王庙”三个金字。[①]整座庙宇略呈长方形，大小殿堂共五座，主体为两进一明堂。正殿徐王大帝像约有四米高。另备有五尊同样的徐王小型木雕像，供乡人接走巡风。每年正月，原属十八社的村子排定日期前来迎接，如南塘坞村于正月初四接去，初八送回；萧宅村正月二十接去，二十四送回。诸葛村于正月初六迎接徐王大帝巡游主要街道和居民区。这天一早，以放铁铳为号，各执事人等按例到位，各司其职。迎徐王的队伍以十六面蜈蚣旗为前导，接着是吹鼓手、锣鼓乐队一百五十多人，紧跟着的是扛銮驾的百余人的长队，各人分别扛着木制的刀枪斧钺等古代兵器的模型。后面跟着十余人托香盘、提香炉。随后是四把“兜子轿”作为大帝的扈从。每把轿上坐一个十来岁的男孩，面前置一套文房四宝、签筒和徐王印等。徐王大帝的神轿前有八名穿古戎装的“刽子手”，手持大刀和棍杖，轿左右有障扇及红、黄色大绸伞各一把。在村中巡游的时候，家家户户在门前摆香案，望神轿礼拜。全村鞭炮齐放，锣鼓喧阗，要热闹整整一天。当天晚上，族长率村中长老在徐王庙正殿烧香，求神扶乩，预卜新年农业收成及天灾人祸等。二月二十为徐王生日，村民集资演戏。[②]

3.其他庙宇

（1）关帝庙建于清末，位置在北漏塘东南角的中水口，在通往兰溪城、游埠镇和永昌镇的大道边，来往行人很多。它坐东朝西。庙左有石质三开间节孝牌坊一座，朝向相同，乡人说关帝庙是锁，牌坊是钥

---

① 据高隆村主持修建大公堂的木工章有钧师傅说，庙门为“葫芦结顶”，即用攒尖式斗栱藻井，非常华丽精致。

② 《兰溪县志》说徐王生日为正月二十。诸葛村却在二月二十庆徐王生日，这个差异由于“生日”和“庆生日”的日子不同，因为各村要轮流抬徐王像游行，所以错开日子。徐王巡行和生日之间诸葛村的“村上”和“街上”又有两次灯会、花会。正月里，诸葛村是非常热闹兴奋的。庙宇建筑就是这种乡村文化生活的物质条件之一。

匙，二者一起关锁水口。近旁还有穿心式路亭一座。[①]

据诸葛达先生记，关帝庙为三开间的小对合式，正殿塑关公像，左右有周仓、关平侍立。农历六月二十四，关帝生日，乡民们都要来点香火礼拜。关帝庙两侧各有一个小院，左侧为土地庙，右侧供奉“王大人”的木雕像。王大人名王浮龙，任奋武军统带，咸丰十一年（1861）为保卫诸葛村抗击太平军而牺牲。所以在诸葛村永享崇祀，每逢大公堂做“三昼夜”或“七昼夜”道场的时候，都要把他的木雕像抬去享祭，事毕送回。知恩、报恩，这是中国农民最好的品德之一。

（2）石阜岭（又名石坟岩）有幽居庵。据光绪《兰溪县志·寺观》：“元至正二年建，额曰‘兜率宫’。今正殿尚存，余圮。”现在早已了无痕迹可寻。《县志》附明代童信诗：

清净一幽居，峰岚前四围；
客从云外至，僧自月中归。
树梢巢元鹤，藤花映竹扉；
生平游览处，此地世应稀。

可见这庵至迟在明代已经存在，而且当时是风景极为优美的清净之地。

（3）翠峰寺在诸葛村西南一里多远，位于石阜岭南麓（鹰嘴岩下），地名寺山叶。光绪《兰溪县志·寺观》说它始建于清初雍正年间，但明代正德年间的“高隆八景”里已经有“翠岫晓钟”。

当时乡间文人雅士经常造访翠峰寺，命题赋诗。1947年《高隆诸葛氏宗谱·卷之十九》存诗文多篇，录其二篇如下：

鸡报天门晓，僧敲阁上钟；

① 20世纪50年代初，三者一起被平毁无遗，石材散置各处。2006年，村人用旧料重建了牌坊和凉亭。

丰山听逸响，春水卧元龙。
叩月东将白，鸣霜秋欲浓；
声声残梦醒，起看翠华峰。
（汪鱼泉）

丰山梵宇住烟霏，隐隐钟鸣出翠微；
响逗残云来远岫，声传清曙到扇扉。
日升东海金轮涌，月挂西林玉镜归；
欲唤世间尘梦醒，却教万井见朝晖。
（诸葛鲤）

翠峰寺距诸葛村较近，很有影响，村周围不少山、田、地都因寺而得名，一直沿用至今。翠峰寺所在山坳叫寺坞，一侧的小山坳叫小八仙，正对寺庙的田畈叫寺畈，寺庙西南的黄土丘陵叫寺山，寺山边一个叶姓的小村叫寺山叶。（寺毁后举村迁居诸葛村之北三里的瑞堰头，在石岭溪畔，以医为主业，家族兴旺。）

明代嘉靖时，翠峰寺与诸葛宗族有寺产之争，县令袒寺僧，诸葛梅谷赴京上疏，御旨罚县令俸并降职，寺归族人。清代大戏剧家邑人李渔著《双珠球》记述了这件事。

民间传说，翠峰寺僧侣有三百余人之多，不守清规，于雍正朝被官兵剿灭。此后正逢诸葛村大发展的乾嘉盛年，所以民间口传“灭翠峰，兴诸葛”。光绪《兰溪县志》说翠峰寺房舍毁于光绪年间。[①]

（4）又有杨柳庙，位置比较远。光绪《兰溪县志·寺观》说：“在太平乡岘山下杨柳坞。初建在山巅，明景泰中徙山麓，为社庙。”明代有《祝献记》一篇，说：

兰溪长乐乡旧有社庙，在于岘山之巅，因所居峻险而为风雨

① 2007年，诸葛村人于原寺址复建隆丰禅院，以满足老年人的精神需求。

震凌，岁久栋宇倾圮。景泰初，乡人某府长史叶公以清致政归，谒于祠下，顾瞻之顷，乃曰：群神之在祀典者众矣，惟社稷得用笾豆，奠用币帛，盖制礼者特重是神，所以为农也。今祀所弗称，不几于慢神渎礼乎？乃以岘山之麓，平衍秀明之地，舍以为基。厥弟义官叶公以濂，倡率乡之尚义者各出金帛，鸠工市材，不立坛□，仍俗之旧贯，建正殿若干间，前庭若干间，东西廊屋若干间，栋宇翚飞，墙壁焕丽，门植土宜杨柳数本，因名曰杨柳庙，仿古者以木名社之意也。凡春祈秋赛，则风雨时而五谷熟；祷灾禳福，则疾病痊而休祥集。神之有功于民，犹父之燕翼于子民。民之立祠以祀之，乃义之所当然也。视彼淫祠以徼福者，不亦大有悬绝哉！（见光绪《兰溪县志》）

杨柳庙是一座社庙，名分正而地位高，不同于其他淫祠。但社神像杂神一样，“有求必应”地掌管人间生活里的凡俗事务，然而社庙也不过“正殿若干间，前庭若干间，东西廊屋若干间”而已。庙宇和宗祠相似，它们的意义，在于和其他各种类型的建筑一起，给丰富多彩的乡社生活一个既是精神的又是物质的有机综合的环境。这就是它们主要的文化价值所在。

文教建筑

在漫长的农业社会时期，中国农村里代表主流文化的乡绅们一贯标榜耕读传家，向往一种有高度文化的“农家乐”，即使在从明代中叶起就致力于经营药材生意的诸葛村，耕读生活仍然被认为是有高尚道德价值的人生理想。1947年《高隆诸葛氏宗谱》里有两首诗，名字都叫“题诸葛君良弼缵业堂告成”，很鲜明地赞颂了这种理想。其一：

朝耕破陇云，暮归理陈编。

俯仰觉无愧，旧物还青毡。

（章浦吴原）

其二：

缵业堂高倚碧天，人言诸葛子孙贤，
夜窗弦诵溶溶月，春陇锄犁漠漠烟。
物议已还双白璧，家声无愧一青毡，
遂令当世轻房杜，纸上勋名若个先？

（上虞陆渊之）

又要弦诵，又要犁耕，才觉得俯仰无愧，甚至连房玄龄、杜如晦那样历代有口碑的勋名人物都不放在眼里了。而且，诸葛村人要懂得中药和它的各种加工，就必须精通许多古来的医药典籍，这需要相当高的文化水平，外加易数命理之类。因此诸葛村人虽然不很在意科举，还是很重读书，因而并不完全不在意科举。按照当时乡村惯例，除了一座义塾笔耘轩之外，还有文昌阁和南阳书院这样高档的文教建筑。更有一个登瀛文会，它的主要功能是集赞助款支持穷困青年读书，举行在读青年交流学习成果的“考试”等。文会初创于乾隆己亥（1779），终于解放后1948年。

1.南阳书舍

明代正德年间（1506—1521），诸葛村人在村子东北，石岭溪东岸，创建了一座南阳书舍，为“高隆八景”之首。前人陆凤仪（杨山）有诗：

花竹绕庭除，图书万卷余，
云藏扬子宅，人识卧龙居。
景物随游惬，江山入望舒，

悠然栖息者，谁羡武陵墟。

书院显然是一处园林式建筑，宜于读书，但早已全部毁灭，位置及形制已不可考。以“南阳”为名，以“卧龙”入诗，可见书院是纪念先祖诸葛亮的。存书万余卷，规模已经不小。

2.文昌阁

文昌阁祀文昌帝君。《史记·天官书》说“北斗之上有六星，合称为文昌宫”，掌人间文运。道教把文昌帝君纳入它的神谱，据《大洞经》记载：“文昌神姓张，讳善勋，字仲子，蜀之梓潼人，生而仁爱忠孝，遇神人授以《大洞法箓》，护国佑民，及为神，主文昌宫事。”唐宋时，把这位张仲子称为“梓潼帝君”，职司扩大到主神仙人鬼的生死爵禄。元仁宗时，道教正式把文昌神和梓潼帝君合二为一，封号“辅元开化文昌司禄宏仁帝君”，简称就是文昌帝君。在他的主持下，文运与科名成为同义词。[①]

奉祀文昌帝君的建筑叫文昌阁，在南方各省的城乡十分普遍。1947年《高隆诸葛氏宗谱》中有一篇写于清道光三年的《重建文昌阁碑记》，其中说：

吾族旧祀帝于隆丰禅院之偏，仄陋卑諜，幽而不显，兼基地狭隘，往往牺牲俎豆至无陈设地，即衣冠之拜于下者，且以逼侧，故跪起不能如仪，非所以虔祀事而迓神庥也。爰卜吉于旧院之右，广袤数倍于前，窳者实之，突者平之，草木之榛芜者攘剔之，为堂三楹，架以杰阁，而奉帝座于其巅。□啄榱飞，层峦浮欐；丹雘髹漆，焕然一新。启窗则岩峦之秀出者咸若蜿蜒盘曲而环拱于其前，俯槛则桃李竹桂之属缤纷掩映于其下。轩豁宏敞，非复曩时卑諜狭陋之区，于以妥虔揭灵，庶足

① 关于文昌帝君出处，尚有多种不同传说。

以致诚敬于万一乎。

改建工程始于清嘉庆二十二年（1817），次年落成。从上面这篇记看来，文昌阁是三开间，歇山顶，有斗栱，楼层“杰阁”之上供文昌帝君像。面积较大而不逼仄。这形制是兰溪及附近各县乡村里常见的。诸葛达先生关于隆丰禅院的记录所描写的文昌阁也与这篇记所说的相近：“文昌阁位于隆丰禅院进门登阶迎面第一个院落的前进中央。后进为卧室、厨房等。”[①]但这座为尊崇文化而建的文昌阁已于“文化大革命”时被毁，丝毫不存。

早于这座文昌阁，诸葛村东南角“巽位”水口已曾有过一座文昌阁。但它建于何时，又怎样毁灭，已无从查考，只有村民仍称呼旧地址为“文昌阁”。20世纪70年代“改田造地”时曾挖出残损砖瓦和墙基石条。文昌阁造在水口，占巽位，是风水术上的惯例。风水典籍《雪心赋》说：“坛庙必居水口。”又《相宅经纂》说：“凡都、省、州、县、乡村，文人不利，不发科甲者，可于甲、巽、丙、丁四字方位择其吉地，立一文笔尖峰，只要高过别山，即发科甲。或于山上立文笔，或于平地建高塔，皆为文笔峰。”其中巽位，大多是村子的水口，所以文昌阁和文峰塔以建于巽方水口的为多。诸葛村早期也曾如此。

3.学塾

一方面祈求文昌帝君保佑文运亨通，功名显耀；一方面仍然要实实在在地办学兴学。大公堂的太师壁上书写着先祖诸葛亮的《诫子书》，里面说：“夫学须静也，才须学也。非学无以广才，非静无以成学。”《高隆诸葛氏宗谱·家规》说：

凡子弟资性聪敏者，舞勺时便当择师友课读书，长辈稍加优

① 离诸葛村十余里的建德县新叶村和上吴方村都有文昌阁，形制即为在三间门屋楼上的中央架歇山顶阁子。后进正殿为衣冠祭拜之处。

礼。其有家计不足而志趣向上者，至亲宜资给以成就之。若钝拙之辈，即当督其耕种、习艺。倘有不事生理，游手游食者，祠中杖儆，仍罚及父兄。

有志于学而家计困难的，至亲应该资助，这是中国历代的好传统。

在清朝，诸葛村就有家塾、义塾数处。塾址多在私人住宅内，并没有专门的建筑。大约在清代末年废科举办学校的时候，诸葛村在西部正对文昌阁的一块高地上造了一座义塾，取名“笔耘轩”①。它周围都是菜地，学子在攻读之暇，都要从事农业劳作，表示继承诸葛亮在南阳布衣躬耕的传统。笔耘轩虽然不大，而且简陋，但形制却已经相当特化，适应于学习的功能。因此它在诸葛村的建筑中很有意义。它有面对面的两排房间，每排都是五开间，所以村民惯称它为“十间楼”。前后两排之间有三道敞廊连接，左右端的廊子并形成厢房，中央的廊子，前面是前排中央的门厅，后面是后排中央的香火堂，堂内靠后壁有一个砖砌的供台，按照惯例，可能供奉孔子或者朱熹。香火堂和门厅的两侧都是课室，一共八间，前排的进深是3.2米，后排的进深是5.1米，开间则相差很大，平均值应为3.5米左右，天井的宽度为8米，笔耘轩的总面阔大过于总进深，是一个横向的长方形，这样“十间楼”的形制常见于学堂，附近的建德县新叶村、武义县俞源村和江西婺源的赋春村都有这样形制的学堂屋。或许和科考场的形制有关。极简单的新功能也会突破传统造成新的形制。

4.新式小学

诸葛村是一个地区的商业中心，居民眼界比较开阔，思路比较活泼，俊秀子弟不甘于小范围内以农业为主要服务对象的地区性商业，早在明末清初便累营四方，尤以中药业为最精通。到19世纪后半叶便把营业扩大到了天津、牛庄、如皋、上海、广州、香港等地，开设大

① 笔耘轩现在用作孤寡老人的住所，香案供台已空。

药店、药行。

眼界开阔，便重视教育。诸葛村的现代教育起步比较早。20世纪之初，就有几位年轻村人赴日本留学。1930年，天一堂药行的东家诸葛源生（1871—1942）捐资4400银元并捐出旧市路始基堂房产和周边园地兴办新式的宗高小学。又在始基堂南侧建造新校舍，包括教室三间，教师办公室和宿舍多间，并建校门一座，以始基堂为礼堂。1935年，兰溪县政府又拨款在高隆冈新建了一座中心小学，随后和宗高小学合并为国民诸葛中心小学。抗日战争胜利之后，学校迁出，校舍失修倒塌，沦为菜地，20世纪80年代后期成为村民建房基地。

诸葛源生同时还捐资创办了诸葛中心小学（同时创办兰溪担三中学）和中医专门学校，出任首任校长，培养了一批中医药人才。

清末民初诸葛村著名塾师诸葛让，在诸葛济川支持下兴办了一所女学校，在大公堂西侧（今信堂路83号），叫群英国民学校，有学生20多人，采用“初等国民学校课本”，教育适应新潮流，有完整的学制。后来并入公办诸葛皋隆小学。同样办学的还有诸葛缓（1860—1917）和诸葛岩（1888—1936）等，他们也都原为塾师，后来成为合格的新教育工作者。其中一位诸葛缓捐了三间新房办学，入学者多达60多人，兰溪县政府奖给他“教育功深”匾一方。

其他建筑

1.枯童塔

接近诸葛村的南端，桃源山余脉的西坡上，有一座“枯童塔”，初建于清朝中叶，1936年重修。枯童塔是弃置婴尸用的，按照传统惯例，婴儿死后不能正式入土安葬，一般都无棺浅埋，常被野狗挖出。传说某年疫疠大作，村中有许多婴儿夭亡，以致野狗群集，于是村民们起造了这座枯童塔。塔在一个小丘的前沿，平面为正方形，高3.5米，每边宽

1.5米。塔身用青石板筑成，石板上刻着简单的花纹。塔顶也是一大块青石板，攒尖式，四边出檐，四角微微翘起，中央有很大一个葫芦形宝顶，十分丰满。塔体每边都有大约直径45厘米的圆形洞口，作弃尸之用。塔的正面朝西，刻着“启骸门”三个字，下面刻有小字：“此处下掘去泥即见砖门，启开便可挖尸别埋。”弃尸积多了，便将残骸挖出改埋到别处。说塔高3.5米，便是从门底开始计算。

枯童塔虽然是个不很文明的建筑，比例却很和谐，造型很洗练优美。这座塔至今完好无损，当然早就失去了原来的功能，在鲜红的柏子树陪伴下，寂寞地沐浴着深秋温暖的夕阳。

2.节孝坊

诸葛村还有三座青石节孝坊，都在村口要道边。一座在中水口关帝庙旁边，纪念孟分诸葛思钮之妻邵氏，1947年《高隆诸葛氏宗谱》说：“嘉靖壬寅年（1542）正月十三生，夫故时邵氏年甫二十，长子三岁，次子遗腹，家贫守节，父母劝其再适，伯姒亦力主之，愿代育其孤，邵氏坚拒不从，惟纺织，善事其姑，抚教二子，劳苦备尝，终身不怨。万历二十五年（1597），邑侯汪公旌表之，颜其额曰‘苦节有传’。”第二座为季分诸葛恪之妻唐氏立，位于积庆塘下，徐偃王庙附近。唐氏“事姑孝，治家肃志凛冰霜，抚孤成立。乾隆癸丑（1793）有司上闻，钦赐建坊入祠，以旌节孝”。唐氏于雍正癸卯（1723）十月廿五日生，乾隆癸丑年七月廿五日终，享寿七十有一，生二子。（见1947年《宗谱》）第三座牌坊纪念仲分诸葛燮之继室陈氏，她“青年守志，钦褒建坊以旌节孝。乾隆辛卯年（1771）五月廿三生，道光癸巳年（1833）三月初一终，享年六十三岁”（见1947年《宗谱》）。据宗谱记载，陈氏从二十二岁守寡到六十三岁终老。此牌坊较小。

表彰妇女品德的有节孝、贞节、节烈三种牌坊。节孝牌坊是表彰年未及三十岁而夫死，终身不再嫁，侍奉公婆，抚育子女，辛勤到老的。另外两种，未嫁而夫死，守节终身的，叫贞节；夫死殉夫，或遇难自尽的，叫节烈。这三种牌坊都只能造在路边，下面不许人通过。为了慎重，甚至有在它们胯下砌一堵矮墙的。高隆村的三座节孝牌坊都在20世纪60年代后半叶的“文化大革命”中被拆毁，幸存的几块构件被散弃在各处，有些已被用来架小桥、垫路和垒墙脚。从残存的抱鼓石和月梁看，这三座牌坊原来都很精美，卷草叶的雕工水平很高。

据光绪《兰溪县志》和宗谱，诸葛氏还有不少妇女得到悬匾的旌表。从明清直到民国，高隆村有大量青壮年出外经营药材，或当药工，据行规，一年只有52天假期可以回乡。在这种情况下，为了维护当时的伦理秩序，妇女所受的压迫是很深的。一方面，把住宅造得很严密，定下许多规矩，从肉体上限制她们；另一方面，又挂匾又造牌坊，从精神上麻痹她们。再加上其他许多行为规范。例如，1947年《高隆诸葛氏宗谱》记载着伯衡公在明代初年洪武乙丑（1385）订的《家训》，那里说：

> 好人家养女儿，为母最要端正，教训得好，嫁出去便会侍奉公姑，和睦妯娌。口稳、贞洁，能守妇道。
>
> 夫妻要相敬如宾，暗地里切不可与他说邪言淫语，只可讲如何是贞，如何是洁。

不论如何，贞节牌坊毕竟是对某些妇女，对稳定家庭做出了巨大代价的奉献的一种感谢和表彰。回顾历史，今人对她们也应该怀有敬意。

2006年，诸葛村村民决心重建三座节孝坊，终因原石材已经散落，不得已，将所能找得到的分属三座牌坊的原石材拼凑成一座节孝坊，位于北漏塘东南岸的中水口，所用石材以诸葛恪之妻唐氏节孝坊的为多。刻有敕文的石板原是唐氏牌坊上的。

3.门道

在诸葛村的雍睦路上，有一座墙门，把雍睦堂和它前面的几座大型住宅与村子的其余部分隔开，据宗谱里的《重建雍睦堂记》说，这墙门是1933年造的，“右基出入踏道上高筑门墙，以固屏藩”。因为雍睦堂前的大宅里住的是仲分的有文化、有身份、有声望的士绅们，他们要求住宅区比较宁静、安全，所以在各条路口设门，除了这个墙门外，现在在雍睦堂正前方下坡的祝家路口上还有一座街门。据传说，过去到了晚上，这些门都关闭起来，还有更夫巡夜。这些门标示出村子居民身价的层次结构。雍睦堂右侧踏道上的这座墙门是个券门，上面有半圆形的山墙，形式和细节明显有欧洲建筑的影响。它前面有十几步台阶，加强了它在街巷景观上的作用。门道增加了街道景观的层次，丰富了雍睦堂的构图，隔门望雍睦堂或回望来路，都有很好的画面。但它们更重要的社会历史意义是标志出宗族内部因经济地位差异而导致的分化。亲情不再是有首要意义的了。

4.水碓

东南各省，乡间小溪，只要流量比较稳定，就会被利用来推转大木轮，带动石杵，给稻子脱壳，或者带动石磨制粉。这种小工作棚子叫水碓房。水碓房往往在风景比较好的地方。

诸葛村东面的石岭溪上，过去曾经有过上、下两座水碓，还在明代正德年间被列为“高隆八景”之一，称“清溪夜碓”。王道广诗有句：

> 清泉一曲抱溪流，晚碓沿溪响未休；
> 水势东来轮泼泼，月明西下杵悠悠。

自从近年使用电力的粮食加工机械之后，水碓就没有了。

5.桥梁

石岭溪上，诸葛村境内旧有石桥四座，由北而南依次为石岭桥、墓后桥、张家桥和新桥。

（1）石岭桥初建于何时已不可考。1947年的《高隆诸葛氏宗谱》

有一篇《倡修石岭桥碑记》，碑立于康熙三十三年（1694）七月，《记》为兰溪学教谕陈廷万所撰，全文如下：

> 石岭桥为兰、寿往来之要道，万人利涉之津梁，其来久矣。自明天顺庚辰诸葛重修，正德庚申[①]复整，迄今洪水冲撼，势立倾圮，若不重建，所费益剧。缘募工料，重建五垛，非大木石，久难恒新，诸葛共捐贰拾四两，水碓叶通姓助建一垛，其余应、王、童、林、叶、沈、赵、姜亦有助银、木者。捐助人工者碑窄不能刊名。桥工即竣，特立石以志不朽。倡议者谁？诸葛名武也（讳钟杰，号汉三）。

这块碑说明，石岭桥在明代天顺庚辰年（1460）之前已经存在，康熙三十三年重建。很古老了。可惜1958年“大跃进”时为建造海龙山小水电站需要石料，当采石场拆掉了。

石岭桥原建时为五墩四跨，梁式结构，桥面每跨均为三块青石板。可见于宗谱之《高隆八景图》的“石岭祥云”条。

（2）墓后桥原建时为三墩二跨，也用青石块筑墩，以青石条架搭，同样，于1958年被拆去建小水电站了。

（3）张家桥同样是三墩二跨，却是拱桥。桥面宽6米，全长10米，是诸葛村人去下水碓必经之路。《高隆八景图》的“清溪夜碓”里有这座桥。下水碓每年有几个月可通木筏，为诸葛村通向外地的重要码头，所以这座桥很重要，侥幸保存，现在还在使用。

（4）新桥位于诸葛村东南面，是三墩二跨的梁式桥，上架青石板，《高隆八景图》上也有。经不断维修，至今尚在使用。

① 原文庚申纪年有误，正德无庚申。

附录：关于住宅年代鉴定

诸葛村人普遍认为有下列特征之一的住宅就是明代遗构：

①柱头有大斗；②柱头无牛腿；③用覆盆柱础；④有楼上厅；⑤前有大厅；⑥设挡雨板；⑦以编竹抹泥为壁而露龙骨。

据我们调查所得，有挡雨板的住宅仅存四家。即新道路12—13号、旧市路4号、雍睦路28号和信堂路72号。它们同时也具有其他的古老特征，如雍睦路28号用编竹抹泥为壁，柱头无牛腿而有大斗，有楼上厅，用覆盆柱础。信堂路72号有覆盆柱础，大斗，没有牛腿。新道路12—13号与信堂路72号相同。不过，信堂路72号是前厅后堂楼式，没有楼上厅，新道路12—13号是对合式，有楼上厅。信堂路72号的梁架很粗壮，大厅、前厅且用梭柱。这三幢住宅，可能比较古老。

但是，用上述个别的特征，即使几个特征同时存在于一幢住宅里，仍然很难做年代的确凿判定。

例如，村人认为大斗是最确定的明代建筑的标志。我们的调查是：竹花坞5座住宅全部有大斗，雍睦路13座住宅中有11座有，信堂路14座住宅中有13座有。合计，有大斗的住宅占90.6%，其中还有一些有牛腿。而且像新道路8号这幢可以确知造于民国年间的住宅，也用了大斗。

覆盆柱础可能比较早。调查中发现，没有覆盆柱础的住宅，柱子的直径小，金柱大致为25厘米，檐柱大致为16厘米。而有覆盆的，分别为

35—37厘米和24—26厘米，用材明显大得多。而且，覆盆柱础比较集中出现于诸葛村最早的住宅区，大公堂和丞相祠堂附近，如信堂路14座住宅中有6座用它。而新道路13座中只有1座用，竹花坞甚至没有一幢有覆盆柱础，虽然全有大斗。

调查发现全村有楼上厅16个，落地大厅11个。也以大公堂和丞相祠堂附近为多。它们有些具有上述一二项特征，有些甚至相抵触。信堂路72号有大厅，有挡雨板，但天井前墙有苏砖照壁。苏砖用于诸葛村据传是从乾隆年间开始的，当然，也可能这个照壁是后来增建的。

我们比较倾向于认为，楼上厅、大厅（即前厅后堂楼）和挡雨板是比较古老的标志，但它们都并不是必要标志，有一些没有楼上厅或大厅的，仍然可能是比较古老的。是否用覆盆柱础可以参考，而是否用大斗不可靠。

上塘（李玉祥 摄）

后记

这份诸葛村乡土建筑研究，是我们的第二个研究项目。主持研究的人仍然是陈志华、楼庆西和李秋香。分工也基本不变，陈志华主要负责研究的总体设计，撰写除《商业建筑》*以外的全部文字，指导学生测绘。楼庆西主要负责摄影，也指导学生的部分测绘。李秋香除指导测绘之外，还撰写了《商业建筑》一篇，包括复原了上塘和马头颈一带商业区的平面图，并且绘制了一批重要的测图，调查并整理了大量住宅方面的资料。参加调查和测绘的学生分两批，1992年上半年，有邹革、孙栋、王静、张雪梅、刘畅、徐鸿全、林永煌、杨一诚、方晓风、卜大芃十位；当年下半年，有姜涌、唐晓涛、夏非、柳澎、李义波、何可人、高茜七位。硕士研究生于丽新也做了许多工作。前前后后二十几个人，前前后后去了三四趟，终于结下了至少不太难看的成果。这成果确实提高了我们工作的勇气，坚定了我们继续做下去的决心。

研究乡土建筑，需要很大的勇气和决心，这倒不是因为我们对这项工作的重要意义会有什么认识上的动摇，而是每个从事者都要为它做一些牺牲。上了岁数的，忍着一身的病痛，怀里揣着心脏急救药，强作轻松。用七零八落的牙床咬嚼农妇们做的不论什么样的饭食，即使是40

* 依据作者版权要求，此篇移除。——编者注

度的炎热天气，也不怕走几十里山路，任汗水把牛皮腰带都浸透。中年人承上启下，既要照料老师，又要照料学生，重担子抢着挑，生活、业务样样都得管到，就是管不到自己多年没有治愈的腰痛，发作起来坐都坐不住，还要惦记着家里正在上小学的孩子，东托几天，西托几天，功课怎么样，淘气了没有，唉！年轻人心里也滴溜溜转着许多疑惑。近几年，学生跟着教师做建筑设计，发点小财并不难，而研究乡土建筑连糊口都难；看着人家乘飞机，住宾馆，吃大菜，腰包鼓起来，自己却要连坐几十个钟头的硬板凳火车，寄宿在农民家里，吃三块钱一天的伙食。一两个月洗不上澡是常有的事，长一身红疙瘩，直长到手指头尖上，痒得睡不着觉。遇到淫雨天气，衣服湿透，脚下踩着使人窒息的稀臭的屎尿浆泥，还得精确到一厘米一厘米地量出古老房屋的尺寸，马虎不得。晚上整理草图到午夜，第二天天刚刚蒙蒙亮，老师就紧催着起来了。唉，找什么不自在。

足以安慰的是，我们能告诉一切支持我们、鼓励我们的朋友，我们从来没有失去勇气和决心，虽然我们也会发发牢骚。相反，我们越工作，越增强了对这份工作的感情。农村里淳厚的民风民情，化解了我们的一切困难和烦恼。农村没有商店饭铺，但我们走到任何地方，都可以在随便哪一家农户里坐下来吃饭，躺下来打个瞌睡。

从新叶村的工作以后，我们就把乡土建筑研究坚持下来了。后来在诸葛村，我们也同样深深感到父老乡亲的情谊。我们第一年秋天到诸葛村选题，就受到大公堂理事会的诸葛绍贤、诸葛岳成和诸葛达等几位老人家的热情接待。我们说了说对诸葛村的价值的初步判断，他们很高兴，答应尽一切力量支持我们的工作。第二年春天，我们一到诸葛村住下，诸葛绍贤和诸葛达两位先生就向我们提供资料，给我们带路，陪我们访问，还找来各方面知道一点历史情况的人，访求到了失传多年的宗谱，几乎从早忙到晚，就像我们这个工作集体的成员。诸葛村所有的人都认识我们，随时给我们方便。天热，走到一些人家后门外，拍一拍掌，大嫂大婶就会应声开门，端出凉茶来。见我们手

上塘（李玉祥 摄）

脏，捧着碗喂我们。诸葛楠先生把珍藏多年秘不示人的《兰溪县志》借给了我们。诸葛岳成先生帮助我们查清了上塘商业区过去的全部店铺。诸葛子明先生虽然已经73岁，也跟其他几位先生一起陪我们步行到长乐村调查，帮我们哄住凶狠的看家狗。诸葛村测绘工作结束之后一个月，我陪几位朋友到诸葛村去参观，又一次受到全村乡亲的热烈欢迎。大公堂的诸葛绍贤、诸葛达、诸葛子明等几位高龄父老，听说我们到了，跑遍全村寻找我们。

每当我们想起这许多支持我们、爱护我们的朋友和父老乡亲，我们研究乡土建筑的勇气和决心就百倍地增长。简陋的农舍比豪华的宾馆更多温馨；山蔬野果比彩灯下的美酒佳肴更多清香。我们的身上散发着汗臭，但我们相信，我们的工作是一项重要的事业，这种事业需要献身精神，我们就心甘情愿地为它献出全部智慧和精力。

像往常一样，我们在诸葛村的工作不可能再深入细致，因为我们必须转移课题了。在一个地方工作得更细致一些，更深入一些，也更全面一些，是我们的愿望，但我们的时间有限，经费有限，学生们又有一定的教学要求，以致不能把一个课题做透，这是我们工作中唯一的遗憾。

参加诸葛村建筑调查和测绘的何可人同学写道："在二十多天的时间里，我们丈量了几乎每幢宅院里的每棵柱子的粗细，数清了每面屋顶上瓦陇的数目，拍摄下了门头上、柱上、梁上所有精美绝伦的雕刻和装饰。但愿人们在我们的报告和测图中能看出我们对民族文化成就的热爱和对创造它们的人们的热爱！"这是我们每个人的心里话，但我要加上一句，就是：我们对村子里父老乡亲们的感谢和怀念，是永久的。

1992年秋